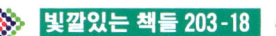
빛깔있는 책들 203-18

실내 원예

글, 사진/방광자

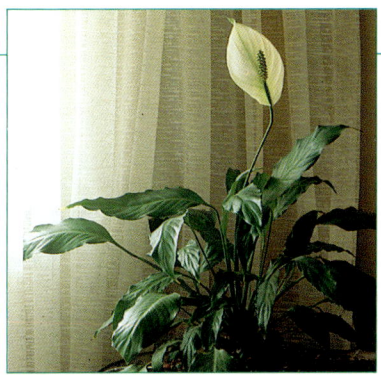

대원사

방광자 ————————

1944년 서울 태생으로 고려대학교
원예학과와 동 대학원을 졸업했으
며, 고려대(원예 미학)와 덕성여대
(가정 원예) 강사를 지냈다. 현재
상명여대 환경녹지학과 교수이며
한국실내원예협회(KIGA) 회장으로
있다. 저서로는「실내 원예」(중앙서
관) 등이 있다.

실내 원예

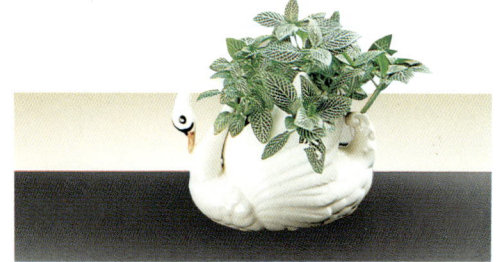

실내 원예

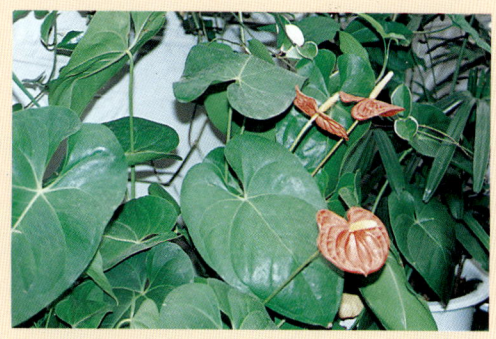

실내 원예의 역사

인간은 생존을 위해서 식물로부터 먹이와 산소를 공급받을 뿐 아니라 위안을 받고 살아왔다. 식물의 아름다움에서 미(美)의 근본을 이해하고 개발하여 갖가지 예술을 성취하는 기본이 되었다. 그러나 우리는 지금 시멘트에 둘러싸인 빌딩이나 아파트 속에서 자연과 격리된 생활을 보내고 있다.

풀 한 포기, 나무 한 그루, 꽃 한 송이가 우리 생활에 직접적인 영향을 주는 것은 아니지만 본능적으로 식물에 기대고 싶어하는 마음 때문에 생긴 것이 실내 원예이다.

실내에서 식물을 기르고 감상하는 것은 오늘날 사람들의 정서 생활 가운데 중요한 부분을 차지한다. 그러므로 단지 유행에 그치는 것이 아니고 우리의 생활에서 다른 필수품과 마찬가지로 원예 생활을 하는 것도 필수적인 것이다.

실내의 녹색 혁명을 가져온 것은 바로 식물이 심리적으로 마음을 안정시켜 주며 환경 개선과 더불어 취미 생활을 만족시켜 주기 때문이다. 더군다나 우리나라의 경우 겨울 동안의 건조와 추위는 실내 원예를 가속화시키기에 충분한 요인이 된다.

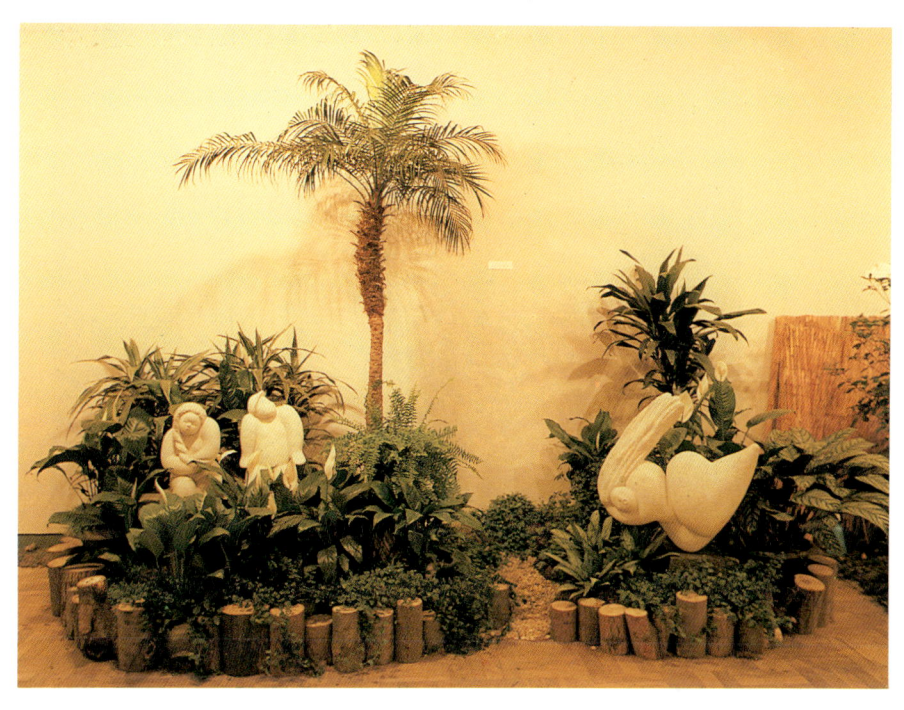

실내 장식 흰칠한 큰 키의 피닉스와 동안(童顏)의 대리석 조각이 잘 어울린 아름다운
실내 조경이다.

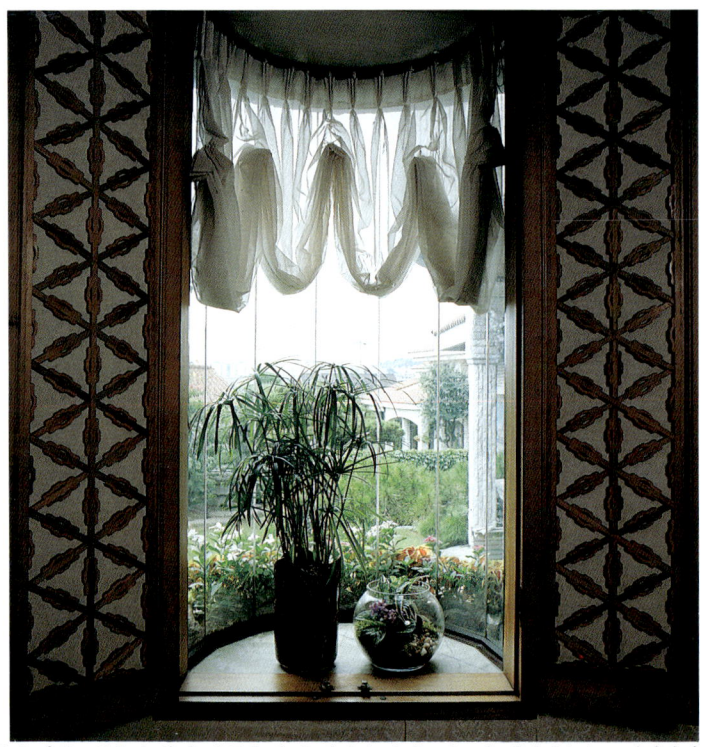

창가 장식 돌출된 창의 안쪽에 수경 재배한 사이프러스와 테라리움으로 장식하여 분위기를 냈다.

　실내에서 식물을 재배하여 장식하기 시작한 것은 3000년 전 중국에서이다. 2000년 전 폼페이 유적지에서도 실내 식물을 재배한 흔적을 찾을 수 있다. 기원전 605년에 재건된 바빌론 정원 양식은 테라스 원예의 시조이기도 하다.
　꽃에 대한 유물로는 이집트의 나일강변에서 많이 찾을 수 있다. 그리스인들은 겨울에 땅 속으로 없어진 식물들이 봄에 아프로디테 (Aphrodite) 여신에 의해 구원받아 소생된다고 믿어 왔으며, 아도니스 축제 때 화분에 식물을 심어 동상 주위를 장식하였다. 로마인들이 아틀리에나 집에 장식하였던 석조 용기를 이용한 식물 재배 방식은 그리스인들로부터 전파되었다. 이러한 화분 식물은 지붕 위, 테라스, 안뜰, 수영장 주변의 장식용으로 이용되었으며 이때부터 창가 원예(Window Garden)로 발달되기 시작하였다.

중세기에 들어서면서 장식적인 원예는 종교적인 행사에 이용되는 정도이고 주로 채소, 약초를 재배하였다. 십자군 전쟁이 끝난 뒤 유럽에 새로운 종류의 식물이 소개되기 시작하면서 벽과 화분대 위에 식물이 장식되기 시작하였다. 또한 장식용 식물 재배가 활발해지면서 질그릇과 금속 용기를 많이 이용하였다.

1492년 신대륙을 발견하면서 인도 자바섬으로부터 희귀 식물이 남부 유럽에 소개되었다. 17세기 후반에 들어 원예에 관심을 가졌던 영국의 윌리엄과 메리는 희귀한 식물을 수집, 재배하기 위하여 3개의 온실을 만들었는데 이 당시에는 석조, 함석 용기가 많이 이용되었다. 이때 이탈리아에서는 꽃식물을 화분에 심어 베란다식 복도에 장식하였다.

18세기부터 부의 상징이었던 오렌지 온실은 1년 내내 가온이 되는 온실로 개조되었으며 미국에서는 일부 상류층만이 식물에 관심을 가지고 있었다. 그러나 산업 혁명으로 인하여 상류층에만 제한되었던 실내 원예는 여러 계급층에 퍼지게 되었으며 취미나 예술로까지 발전하였다.

1831년 나타니엘 백쇼워드가 유리 용기 안에서 식물을 기를 수 있는 방법인 테라리움을 고안해 냈다. 처음에는 식물을 운송하는 방법으로 쓰이게 되었으며 오늘날에는 관상용으로 쓰이는 효시가 되었다. 1850년 뒤부터 창가 원예나 실내 원예는 미국이나 유럽에서 일반화되었다. 공중 화단(Hanging Basket)도 빅토리아 시대에 중요하게 사용되던 식물 장식 방법으로는 지금까지 수직 공간 장식 방법이 널리 이용되고 있다. 1930년대 후반에 관엽 식물의 관심

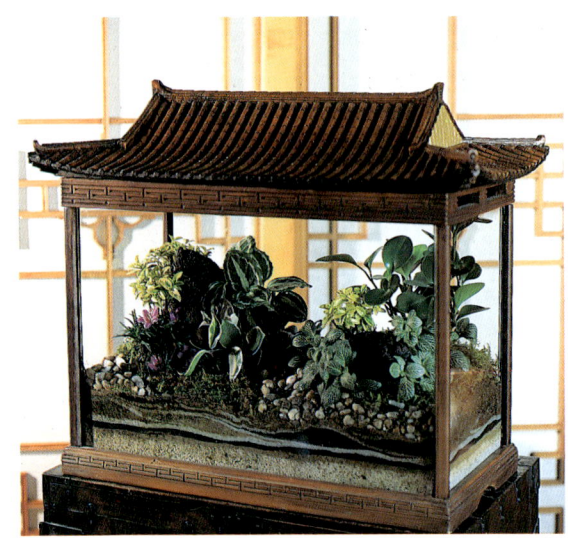

테라리움 한식 기와집을 연상케 하는 테라리움 장식이다.

이 접시 정원(Dish Garden)의 소개와 함께 다시 커지기 시작하였으며 물재배(Hydro culture)도 작물 생산 목적으로 연구되던 것이 근래에 와서 실내 취미 재배용으로까지 발전되고 있다.

우리나라의 경우 1970년대 초부터 획기적인 주거 환경의 변화와 경제적인 여유가 생기면서 서구식 가구와 어울리는 실내 식물이 필요하여 값이 싸면서 풍성한 열대 내지 아열대 식물들이 번식 보급되고 있다. 우리나라의 기후는 4계절의 구분이 명확해서 계절 변화에 적응된 식물들이므로 실내의 부족한 빛과 변화가 거의 없는 온도에서는 지내기가 어려우므로 계속 연구하고 있는 실정이다.

1970년대 말 테라리움 전시와 1980년대 초에 시도한 여러 번의 실내 원예 전시회는 꼭 필요로 한 시기에 생활에 이용할 수 있게 하는 계기가 되었고 많은 책들이 보급됨으로써 직접 실내를 꾸밀 수 있는 밑거름이 되었다.

실내 원예의 환경과 관리

실내에서 식물이 아름다움을 간직할 수 있는 것은 간단히 장식하는 것만으로 끝나는 것이 아니라 생명을 갖고 자라는 것이기에 계속적인 관리가 필요하다.

제한된 환경 속에서 빛, 온도, 물, 비료, 환기, 병충해 방제까지 더 나아가서는 계절에 맞는 식물로써 변화를 주므로 보는 이로 하여금 쾌적하고 심미적인 욕구를 충족시켜 주는 것이 주목적이다.

광선

광선은 식물의 탄소 동화 작용과 생육에 필요하며 생육 조건, 생태에 따라서 빛의 요구도와 반응에 차이가 있다. 재배 조건에서 식물의 원산지를 알면 생태와 진화를 쉽게 알 수 있다.

우리가 실내에서 키우는 식물은 대개 음생 식물이며 열대 지방 원산의 관엽 식물들이다. 이런 식물들은 음지에서도 식물이 자랄 수 있으나 전혀 빛이 없이는 생육될 수 없다. 그러므로 빛 대신 인공 조명 때는 하루 12 내지 16시간 정도 조명하는 것이 좋으며 자연광에 가까운 식물 육성용 형광등이 있어서 사용되고 있다.

온도

온도는 식물 생장과 생육을 중지, 억제하며 때로는 발육 촉진, 개화 촉진 등의 작용을 함과 동시에 꽃의 색, 형태 등에도 크게 작용한다.

우리가 늘 생각하는 실내 온도는 식물을 놓는 위치의 온도를 가리킨다. 같은 방이라 해도 위아래의 온도가 다르다. 창가는 낮에는 햇빛이 들어 온도가 높고 밤에는 창틈으로 새어드는 바람 때문에 온도가 낮아진다.

식물의 온도, 광선 등의 재배 환경은 그 식물의 원산지의 환경과 같으므로 그 점을 고려해야 한다. 대개 실내 식물은 섭씨 18도에서 24도 정도에서 생육이 가장 좋다.

토양

토양은 실내 원예에 있어서 식물의 건강 유지를 위해서 큰 비중을 차지하고 있다. 좋은 토양이란 통기성, 보수성, 보비성이 좋고 병충해가 없어야 한다. 식물 생육에 알맞는 토양은 토양 입자 50퍼센트, 수분 25퍼센트, 공기 25퍼센트로 구성된 것이 이상적이다.

각종 토양을 혼합하여 만든 토양을 배양토라 한다. 배양토의 배합비도 식물 종류, 상태, 배치 장소, 같은 식물이라도 어릴 때와 성목일 때 차이가 있다. 화분 식물은 밭흙 4 : 부엽토 3 : 질석 3으로 만든다.

배양토는 1년에 한 번 정도씩 갈아주는데 고무나무류는 장마철에 분갈이를 해야 한다. 물빠짐이 좋으며 통기성, 보비, 보수력이 있어야 하며 비료분도 풍부해야 한다. 부엽토 1:모래 1:밭흙 2 비율로 섞어서 쓰든지 질석 6:퍼라이트 2:피트모스 2 비율로 섞어서 사용한다. 후자인 경우 비료를 10일에 한 번씩 주도록 한다.

비료

비료 종류

요즘 화학 비료(化學肥料)로서 질소, 인산, 칼륨을 혼합해서 알맹이나 액체로 만들어 사용하고 있다. 화학 비료의 표지에는 반드시 N:P:K의 비율이 적혀 있다. N:P:K가 8:6:12 또는 6:12:8로 관엽 식물(觀葉植物)에 사용할 경우는 질소 비료가 많은 것을 택하고 꽃식물일 경우에는 인산 비료가 많은 것을 택해서 사용한다.

시판되는 비료는 하이포넥스(분말, 액체), 북살(액체), 캄프살(액체), 가아든 라이프(분말, 알맹이), 마그암프K(알맹이) 등인데 마그암프K만 알맹이 그대로 주고 나머지는 물에 타서 쓴다.

가정에서 얻을 수 있는 유기질 비료(有機質肥料)로는 한약 찌꺼기, 깻묵, 생선찌꺼기, 닭똥 등이 있다. 이것은 천천히 흡수되므로 비료분이 오래 지속되고 토양을 개량해 주고 비료 중독(肥料中毒)이 적어서 원예용으로 좋지만 냄새가 고약하므로 실내용으로는 적당하지 않다.

비료 주기

사용한 배양토의 종류에 따라 비료 주는 시기와 간격이 달라진다. 배양토를 부엽토로 사용했을 경우는 분갈이하고 3달 정도는 비료를 주지 않아도 되지만 인조 토양인 경우는 분갈이한 한 달 뒤부터 비료를 주어야 한다.

물에 희석(稀釋)하는 방법은 N:P:K의 배합비(配合比) 합계가 ±20일 때는 1,000배, ±30일 때는 2,000배, ±40일 때는 3,000배로 희석해 사용하여야 되며 이보다 더 농도가 높아 식물을 죽이는 일이 없도록 한다.

추비(追肥)로서 용성인비와 마그암프K를 1:1의 비율로 섞어서 한 달에 한 번씩 화분가에 작은 술로 1개씩 주어서 꽃이 잘 피고 튼튼하게 키우는 경우도 있다. 덩어리 비료를 줄 경우에는 뿌리에 직접 닿지 않게 주어야 한다.

화분 속에서 키우는 식물은 식물에 적당한 배양토가 있어야 하는 것은 물론이지만 배양토에 비료를 첨가해서 식물이 잘 자라게 하는 것도 중요한 일이다. 그러나 잘 키우기 위해서 많은 비료를 주는 것은 식물을 죽이는 일이나 다름없다.

비료를 주는 시기는 식물이 활발하게 자라는 봄부터 가을까지가 적당하고 식물 생장이 정지된 시기에는 비료를 주지 않아야 한다. 비료 주기는 제일 추운 겨울과 여름은 피하지만 병충해 예방을 위한 작업은 1년 내내 한다.

분갈이

분갈이는 뿌리가 활동적이 되어 새로운 용토에서 빨리 생장할 수 있는 봄철에 주로 하지만 관엽 식물은 기온이 높아지는 5월 중순 이후나 6월 중순이 적당하고 비가 오고 구름이 낀 날이 계속되어 습도가 높은 날이 적당하다.

벤자민 고무나무 경우는 장마철, 꽃을 위주로 하는 꽃식물은 꽃이 진 뒤에 분갈이하는 것이 제일 좋다.

분이 크다든지 벽에 붙어 식물이 자라는 것은 분갈이를 하는 것보다 부분적으로 배양토를 갈아 넣어서 계속적으로 아름다움을 유지시키는 것이 좋다.

물주기

물주기만 잘 하면 최소한 식물 유지는 할 수 있다. 물을 많이 또는 세게 주면 표면의 흙이 딱딱하게 되어 공기나 물이 내려가지 않아서 식물에 해가 된다. 주둥이가 긴 물뿌리개로 가만히 잎을 제치고 배수구로 물이 흐르도록 충분히 준다. 화분 받침에 물이 채워지면 빨리 제거한다. 고인 물에는 용토 속의 가스와 염분이 모였기 때문에 뿌리로 재흡수되는 것을 방지해야 한다. 가끔 잎도 씻어 준다.

우리나라의 경우 여름은 다습하고 겨울은 건조하기 때문에 여름용, 겨울용 용토를 다르게 만들어 사용해도 좋다. 건조할 때에는 물정원을 만들어 수분 공급에 도움을 줄 수 있다.

실내 식물의 장식 방법

　실내 식물이 그린 인테리어로서 실내 장식의 한 부분을 차지하고 있는 것은 경제 발전에 따른 영향이 크다. 주거 환경의 변화로 주택의 창들이 넓어졌고 그에 따라 많은 자연광을 끌어들일 수 있으며 난방 시설이 좋아져 겨울에도 실내 온도가 적당히 유지되며 또한 부족한 빛을 보완해 주는 다양한 인공 조명 기구가 개발되었다.

　식물은 다른 인테리어 장식품과는 달리 살아 숨쉬고 자라므로 생육 환경을 고려하여 싱싱한 모습과 모양을 유지하는 것을 기본으로 하여 장식해야 한다.

식물과 용기 선택

식물 선택

　식물 선택에 있어서도 강한 빛을 원하는 식물(주로 꽃식물), 중간 빛을 원하는 식물(주로 다채로운 색을 가진 관엽 식물), 그늘에서도 잘 자라는 식물(초록의 단색 식물) 등 빛, 온도, 통풍, 습도에 따라 적절한 선택을 해야 한다. 또 계절 변화에 따른 식물 곧 추식 구근(秋植球根;가을에 심어서 봄에 꽃을 보는 식물)의 봄 장식, 포인세티아나 게발선인장의 겨울 장식 등 시선을 끌 만한 식물을 고려해 넣어야 한다.

식물을 장식할 때에도 여러 가지 방식이 있다. 예를 들면 테라리움(Terrariums), 물재배(Hydro culture), 접시 정원(Dish Garden), 용기 정원(Miniature Garden), 공중 화단(Hanging Basket), 꽃상자에 심어서 창가를 장식하는 창문 화단(Window Garden), 덩굴 식물을 이용하여 벽을 장식하는 벽장식, 꽃을 말려 장식하는 드라이 플라워(Dried Flower), 분재(Bonsai), 꽃꽂이, 프레스 플라워(Press Flower), 포푸리(Pot-pourri) 등 다양하다.

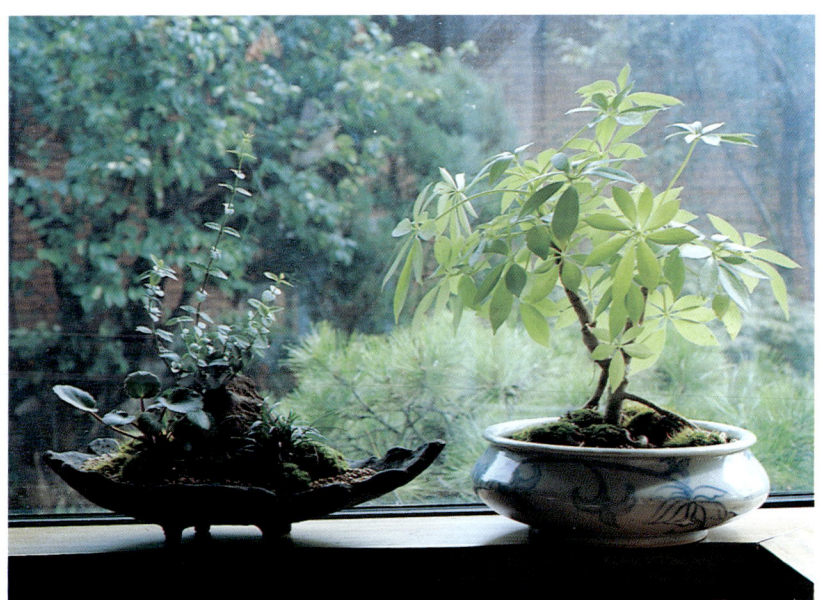

분재 관엽 식물인 쉐프렐라로 만든 분재이다.

용기 선택

식물이 화려할 때는 단순한 디자인의 용기에 단순한 색과 식물에 비해 약간 작은 듯한 용기가 적당하며 가볍고 안전한 재질로 된 용기가 좋다. 식물 종류에 따라 오지, 도자기, 토기, FRP, 바구니, 플라스틱, 유리 용기 등 다양하다.

조경 소품은 식물과 잘 어울리는 마른 소재로 수레바퀴, 물레방아, 물항아리, 조각, 자연석, 가리개, 물확, 돌절구, 석등, 통나무 등을 사용한다.

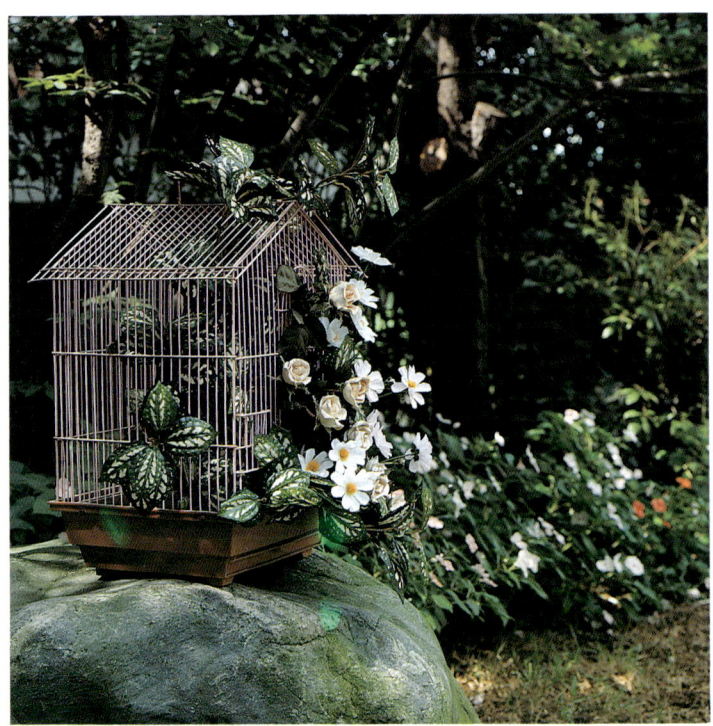

새장에 장식한 식물 쓰지 않는 새장을 이용하여 밑에 흙을 넣고 피레아, 마가렛을 심어 창가에 장식해도 좋다.

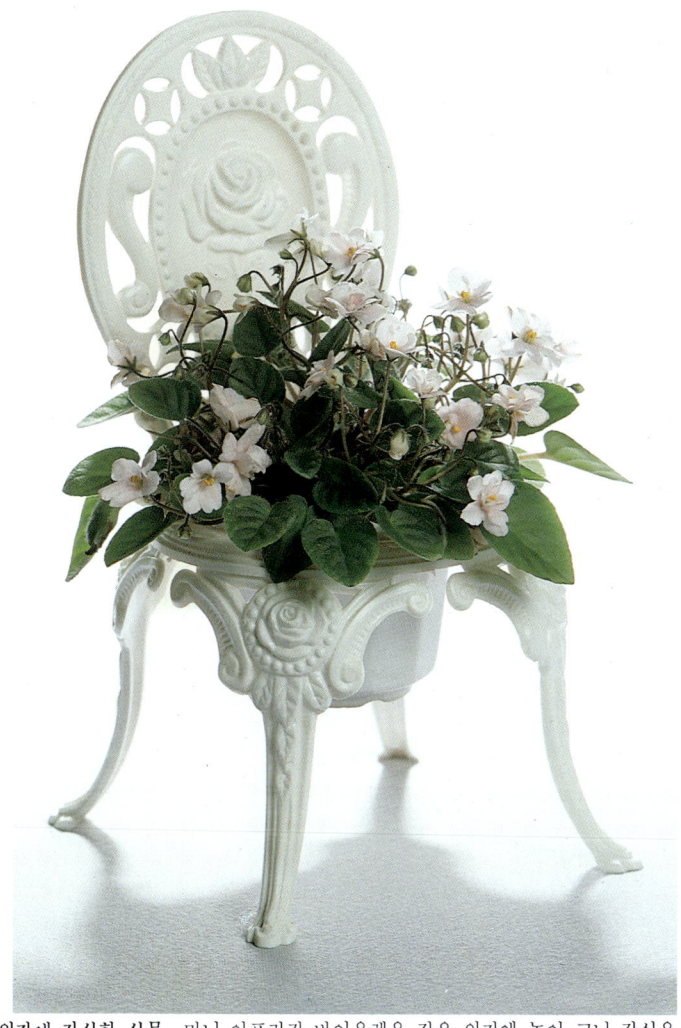

의자에 장식한 식물 미니 아프리칸 바이올렛을 작은 의자에 놓아 코너 장식을
하면 좋다.

식물 배치

식물의 색깔, 모양, 크기 등을 이용하여 평범한 것과 개성적인 것, 단조로운 색과 독특한 색, 넓은 잎과 좁은 잎을 잘 대비시키는 것이 좋으며 같은 색 계통의 식물, 같은 모양의 식물이 크고 작게 조화되는 것도 초보자에게 권장할 만하다. 생육 조건이 비슷한 식물끼리 조화시키면 관리면에서 편리하다. 장식할 장소가 좁으면 공중 정원(Hanging Basket)으로 유도하는 것도 좋은 방법이다.

실내에 식물을 배치할 때 취미로 식물을 키우는 경우와 장식 위주로 배치하는 경우가 있는데 장식 위주의 경우는 실내 가구에 따라 두 가지 방법이 있다. 첫째, 실내 가구가 화려할 때는 소박하고 단순한 식물을 전체적인 분위기에 맞는 용기에 심어 한두 군데 배치하여 중점을 두는 것이 효과적이다. 둘째, 실내 가구의 분위기가 단조로울 경우에는 적극적으로 식물을 끌어들여 풍성한 느낌이 들도록 한다. 다만 다양함 속에서도 통일감이 있어야 된다. 많은 수의 식물을 끌어들일 경우는 될 수 있는 대로 자연 환경에 가까운 위치를 선정하는 것이 비용면에서도 도움이 된다.

장소의 선택

장소를 선택할 때 첫째, 빛이 들어올 수 있는지를 생각한다. 둘째, 통행에 불편이 없는 장소를 생각한다.

거실과 베란다가 가장 좋은 장소이나 인공 조명을 이용하여 빛이 없는 곳에도 장식할 수 있다.

현관

그 집의 얼굴이라고 할 만큼 들어오는 이를 반기는 깔끔한 분위기

라야 한다. 대부분 현관은 어둡고 겨울에 온도차가 제일 심한 곳이
므로 가족이나 손님을 맞이하는 기분으로 조촐하고 간단한 접시
정원이나 계절감이 있는 꽃화분, 한두 송이의 병꽂이, 관엽 식물일
경우 밝은 색 계통의 작은 식물, 덩굴성 식물로 벽면을 장식하거나
프레스 플라워로 액자를 걸어 놓는다. 또 인공 조명을 이용해서
테라리움이나 아프리칸 바이올렛으로 장식하는 것도 좋다.

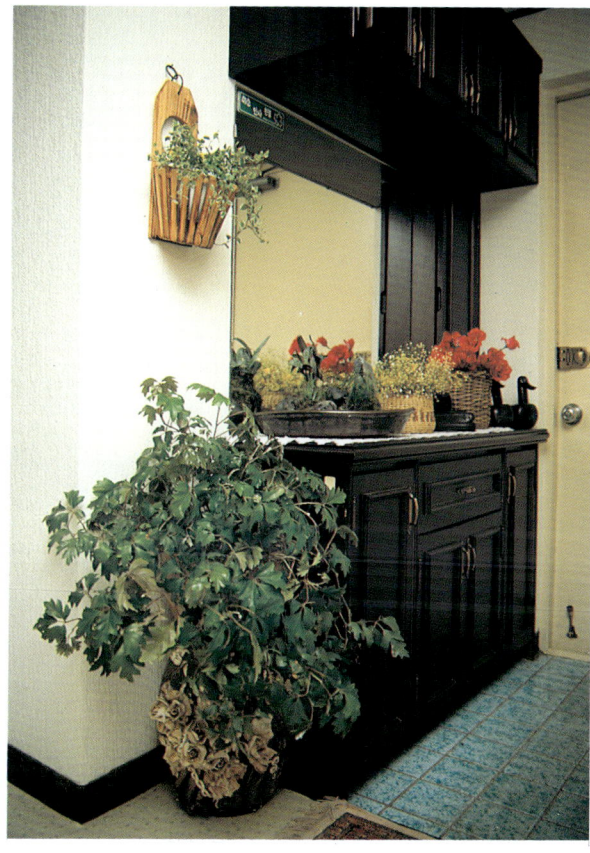

현관 장식 여러 가지 식물로
화려하고 깔끔하게 장식해서
분위기를 밝게 한다.

계단

대개 빛이 적기 때문에 아무 식물이나 들여놓을 수는 없다. 음지나 반음지에서 잘 자라는 식물을 계단에 장식하며 오픈된 계단(Open Stairs；계단벽이나 난간 등의 어느 부분이 트인 계단)이면 늘어지는 식물을 놓는 것도 하나의 방법이지만 아이들이 있는 집이면 삼가는 것이 좋다. 계단은 걸어다니는 장소이므로 리듬감 있게 두세 종류의 식물을 섞어서 놓는 것도 좋다.

경사가 심한 계단일 경우 아래쪽 계단에는 큰 것, 위쪽 계단에는 작은 것을 설치하면 느낌이 부드러워진다. 반대로 완만한 경사의 계단일 경우 아래쪽에는 작은 것, 위쪽에는 큰 것으로 설치하여 높낮음의 변화를 두도록 한다. 거의 쓸모가 없는 계단 밑도 음지 식물로 장식하고 조명으로 잎의 색을 강조하면 생동감 넘치는 장소가 될 수 있다.

복도

어두운 곳이 많고 좁기 때문에 식물을 자주 바꾸어 주며 기둥이나 벽면을 이용하면 효과적이다. 창이 있고 남향을 향해 있는 복도는 겨울 동안 좋은 선 룸(sun room) 역할을 한다.

응접실

손님을 맞이하는 장소이면서 가족들이 편히 쉬는 곳이므로 잡다하게 가구가 많다. 그러므로 식물을 화려하게 장식하나 그 수는 적게 하며 밝은 느낌이 들도록 장식한다. 가구나 벽의 색채, 액세서리, 벽장 소품과 잘 조화시켜 식물뿐 아니라 용기도 호화롭게 한다. 여러 기능이 밀집된 장소이기 때문에 시선을 끌게 장식하는 것이 요령이다.

거실의 여러 군데에 장식하고자 할 때는 같은 계통의 식물을 모듬

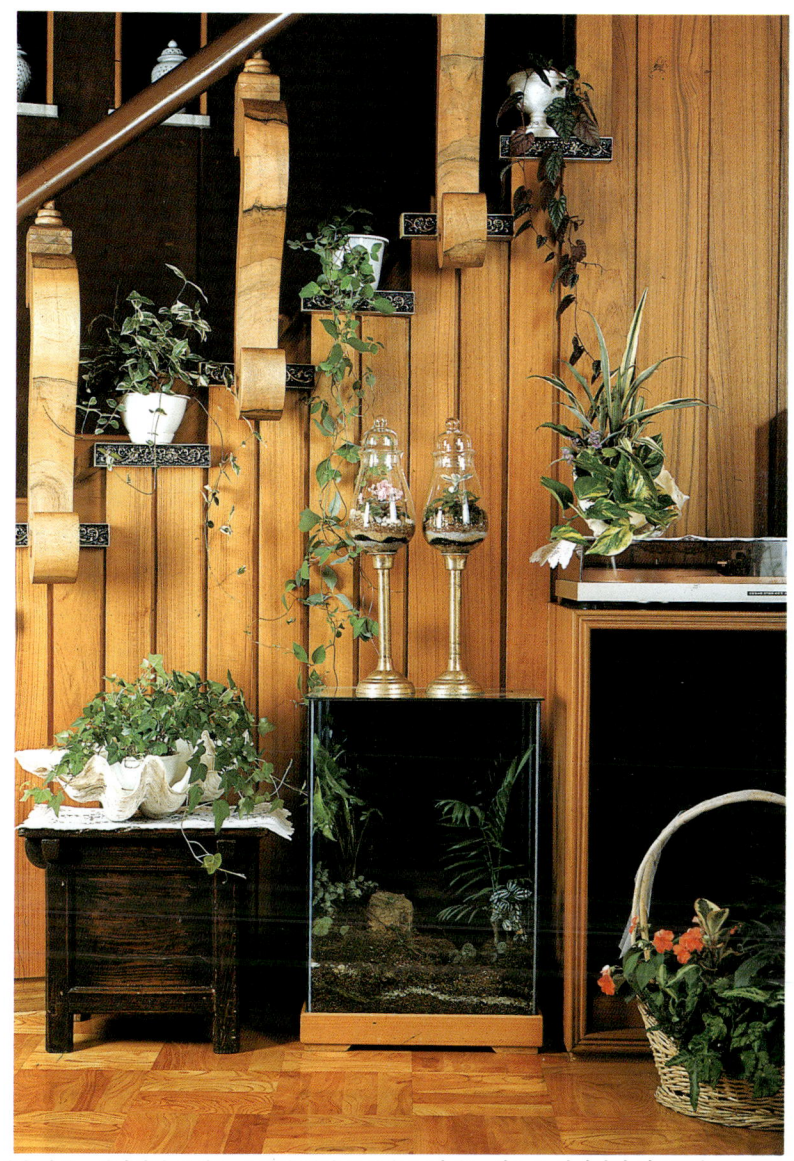

계단 장식　거실에서 보이는 오픈된 계단 부분을 늘어지는 식물로 장식하여 단조로움을 막았다.

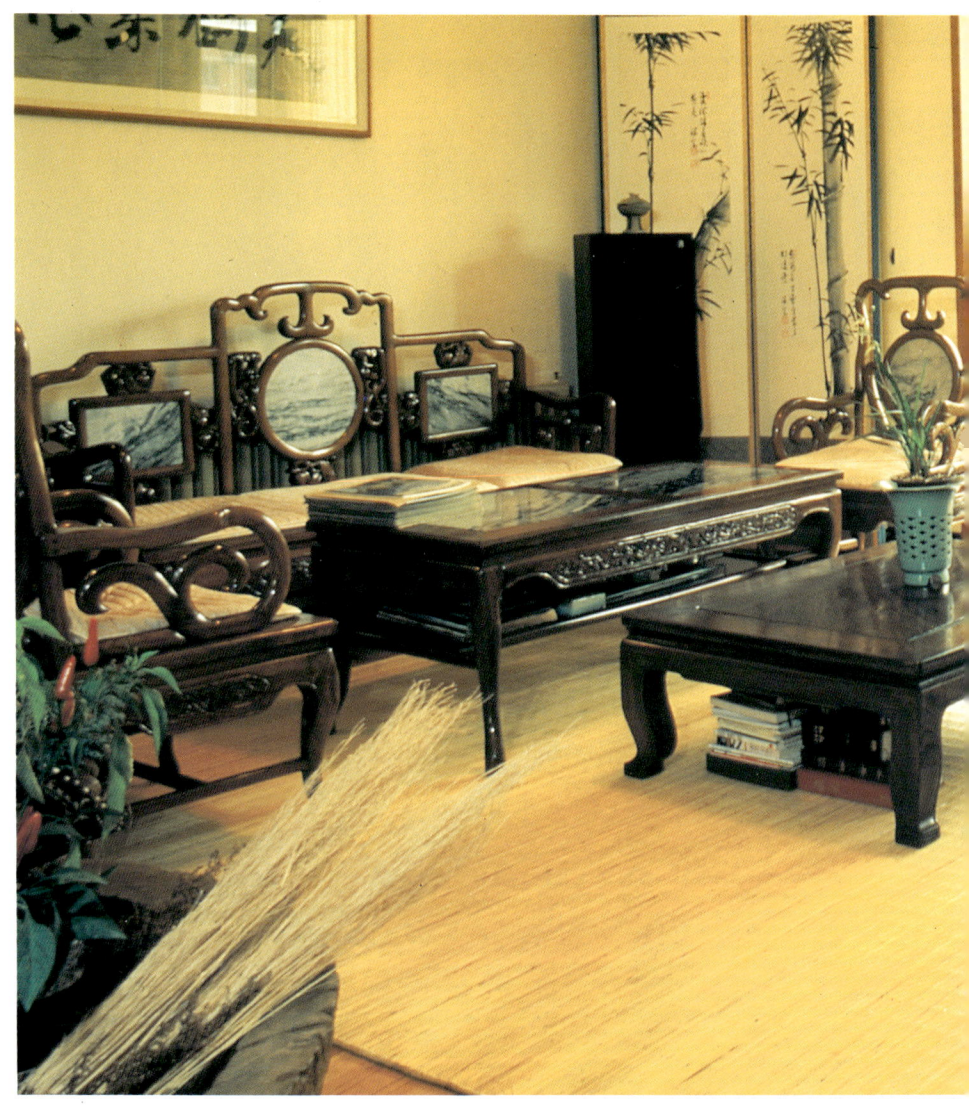

응접실 장식 거실은 여러 기능이 밀집된 장소이므로 시선을 끌게 장식하는 것이 요령
이다. 가구나 벽의 색채, 액세서리, 벽장 소품과 조화시켜 꾸민다. 위는 거실 전면에
동양란으로 창가 화단을 만들어 깨끗한 장식을 한 거실 풍경이고 아래는 테라리움,
공중 식물, 아프리칸 바이올렛 등으로 딱딱한 느낌의 나무 색조를 부드럽게 만든
거실의 한 부분 장식이다.

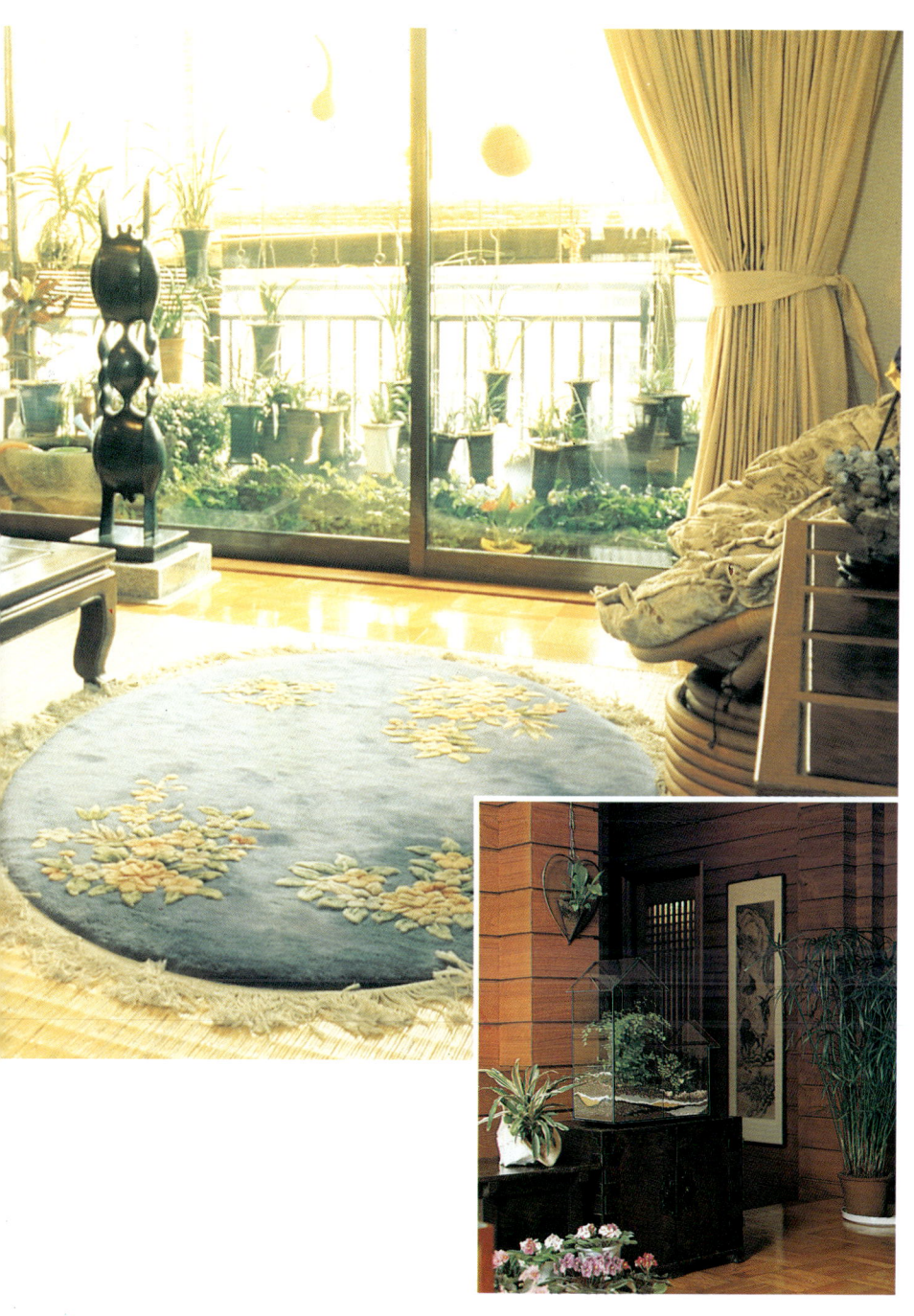

으로 장식하는 것이 효과적이다. 난, 아프리칸 바이올렛, 분재, 선인장 등을 수십 종 내지 수백 종 거실 전면에 창가 화단을 만들어 진열할 때에도 항상 깨끗하게 장식해야 한다.

큰 식물을 한두 개 장식하여 실내를 꾸밀 경우, 가지와 줄기는 부피가 있고 식물 자체가 살아 있는 조각과 같은 멋을 지닌 것 또는 전부터 그곳에 놓여 있었던 것같이 안정감이 있어 보이는 것을 선택하는 것이 요령이다. 키가 많이 크거나 소철같이 옆으로 너무 퍼져 행동에 제약을 받지 않도록 천장 높이의 4분의 3 정도가 좋다.

화분 커버, 받침대, 식물의 가지, 잎의 모양, 색, 질감을 생각하면서 장식한다면 방의 생동감을 유감없이 발휘할 수 있다. 단독으로 장식된 큰 식물에는 조명을 하는 것이 효과적이다. 밝은 실내에서 푸르름을 즐기는 것말고도 특히 큰 식물이 있는 밤의 어두운 실내에서는 조명을 비춤으로써 낮과는 다른 분위기를 즐기거나 천장이나 벽에 드리워지는 잎과 가지의 그림자도 즐길 수 있다. 너무 밝게 방 전체를 비추면 이러한 즐거움은 맛볼 수 없다.

여러 개의 화분을 모아 장식하면 큰 나무와 달리 화분 하나하나의 존재감은 적으나 여러 개의 식물로 양감을 내므로 개개의 조화를 이룬다. 여러 개의 화분을 모아 놓는 방법과 큰 화분에 여러 식물을 심는 방법이 있는데 가정에서 방의 분위기를 살리기 위해서는 여러 화분을 모아 놓는 방법이 일반적이다. 손쉽게 분위기를 바꿀 수 있는 좋은 점도 있다.

침실

사적인 방이므로 사용자의 취향에 맞는 색으로 꾸며도 무방하나 휴식을 취하는 점을 생각한다면 너무 강렬한 색은 피하고 정감있는 은은한 색조에 식물도 딱딱한 느낌이 드는 것은 피하고 작은 잎에 연약한 느낌이 드는 연록색 계통의 양치류 식물이 적당하며 절화

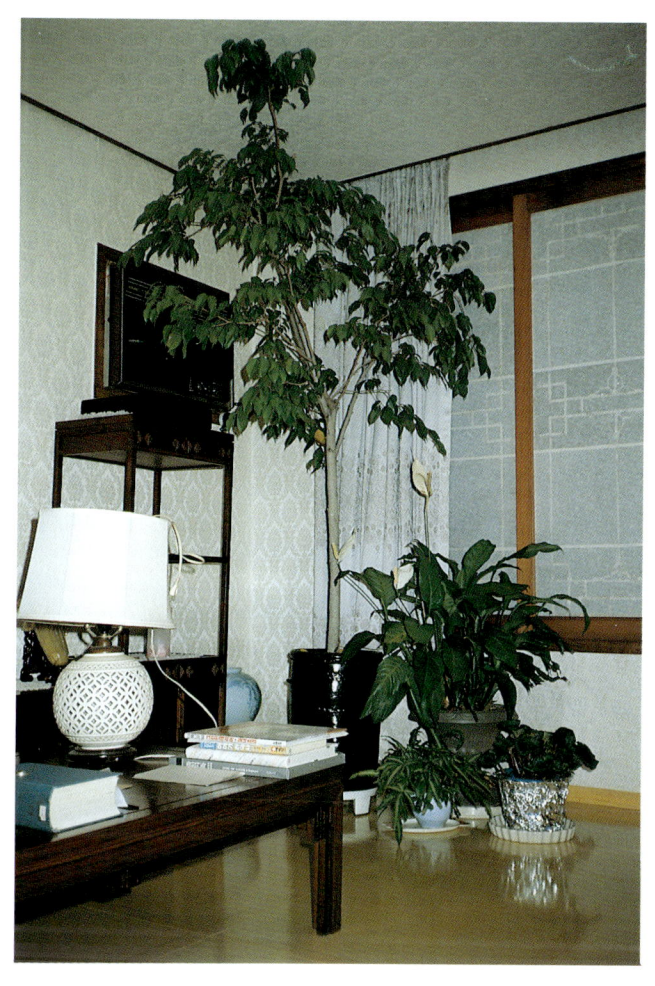

안방 장식 딱딱한 느낌이 드는 식물이 아닌 벤자민 고무나무, 스파티필름 등의 개개
화분을 모아서 겨울 안방을 아늑하게 장식했다.

(折花)인 경우도 화려한 색의 꽃보다는 아늑하고 향기가 적은 꽃으로 컵에 꽂는 정도가 바람직하다.

식당과 부엌

가사 공간에서 생활 공간으로 변하고 있어서 취사뿐 아니라 세탁, 다림질, 재봉, 가게 정리, 전화하기, 편지쓰기 등 다양한 용도로 사용되고 있다. 밝고 경쾌한 장소여야 하며 식욕을 돋우고 화려한 분위기가 되도록 식물 선택에 신경을 써야 한다.

부엌은 항상 물과 불을 사용하기 때문에 습도, 온도의 변화가 많고 광선이 불충분한 곳에는 그늘에서 잘 자라는 아이비류로 늘어지게 장식하는 것이 좋다. 해가 잘 드는 곳이면 씨크라멘, 꽃베고니아, 아프리칸 바이올렛, 임파첸스 등의 꽃화분을 장식하면 주부들의 마음도 한결 가벼워질 것이다. 꽃가루가 떨어지는 식물은 피하는 것이 좋으며 수경 재배를 해서 식탁 위에 놓는 것도 좋다.

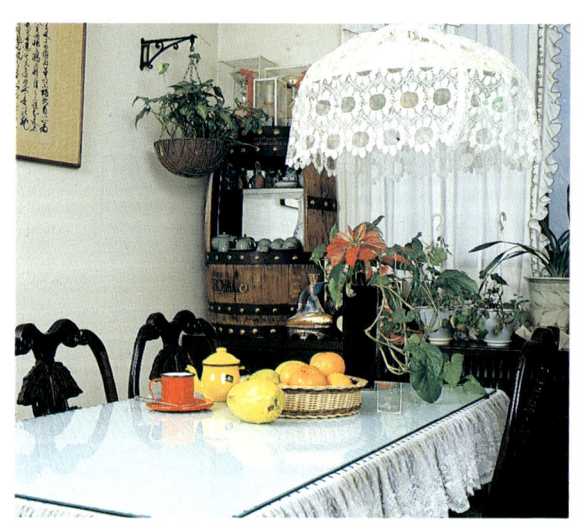

식당 장식 식욕을 돋우고 화려한 분위기가 되게 싱고늄을 물재배하여 식탁 위에 놓았다.(오른쪽)
부엌 장식 물과 불을 항상 사용하는 부엌의 싱크대 위 창가에 아이비, 접란, 페페로미아 등의 줄기를 잘라서 컵에 물재배하여 장식하였다.(옆면)

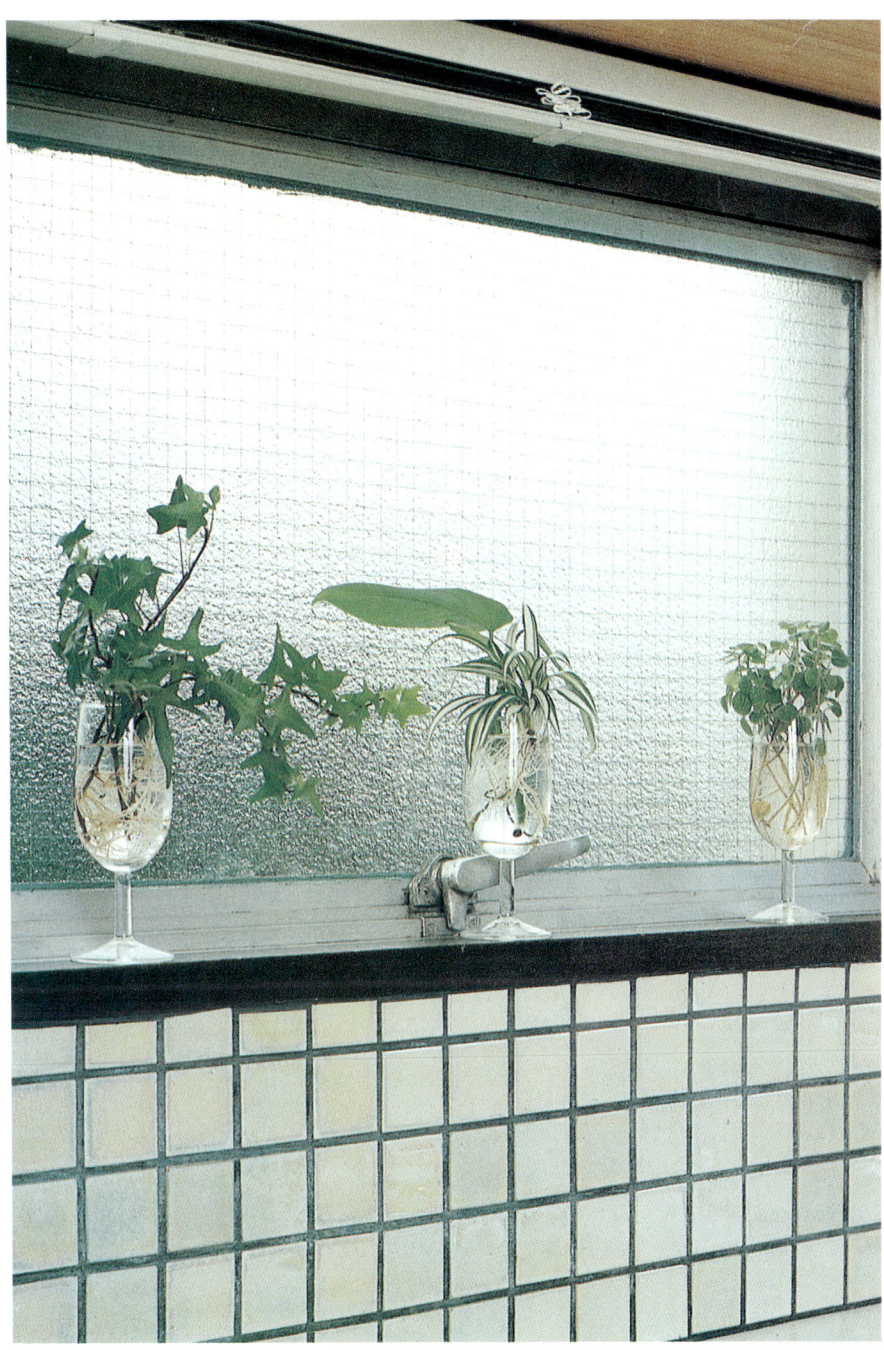

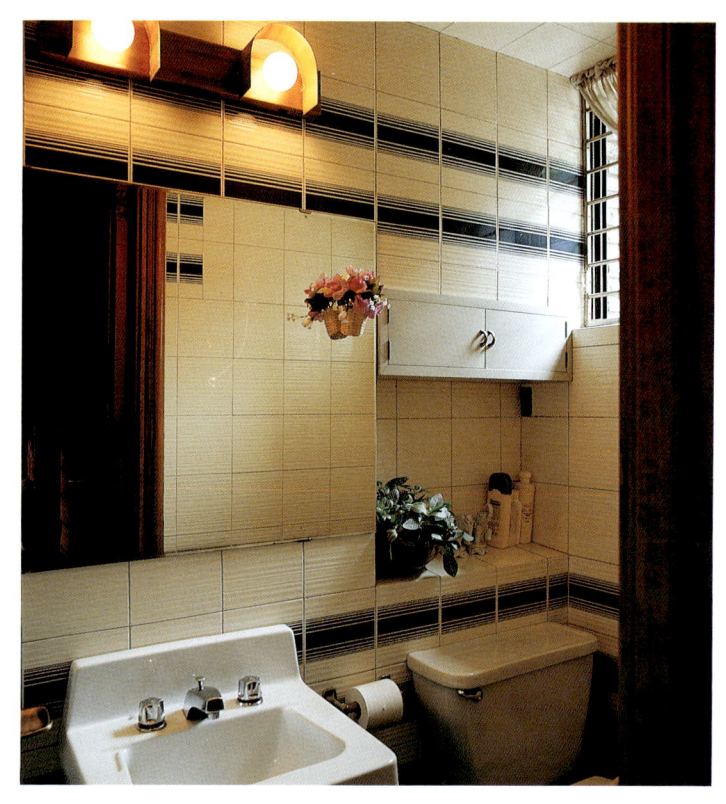

화장실 장식　하루 일과를 시작하고 마무리짓는 장소이며 물과 접해 있는 까닭에 습도
와 음지에서 잘 자라는 휘토니아로써 간결하게 꾸몄다.

욕실과 화장실

하루의 일과 가운데 제일 먼저 시작되는 화장실과 욕실은 간단하면서도 제일 중요한 곳이다. 욕실은 마음과 몸을 깨끗이 해주고 피로를 풀어 주는 공간말고도 몸을 단장하는 공간으로 발전되었으므로 밝은 느낌이 들도록 높은 습도, 음지에서도 잘 자라는 식물로 장식하여 거울에 비쳐지게 함으로써 신선한 분위기를 제공하여 하루의 일과를 계획하고 마무리짓는 공간이 되게 한다.

어린이방과 노인방

열매가 달리는 식물이나 가시가 붙어 불편한 요인이 있는 식물은 피한다. 채소, 동양란 등은 노인방에 적합하며 어린이에게는 예쁜 용기에 관엽 식물을 심어 배치하거나 알뿌리 식물을 물기르기로 키우도록 해서 식물이 자라는 과정을 관찰하게 하는 것도 좋다.

베란다

아파트의 평수에 따라 크기가 다르며 요즘은 장독대나 세탁물 건조장으로 쓰이는 것보다는 식수대까지 설치하여 정원을 꾸미는 적극적인 장소로 되고 있다. 완전 철책으로 된 베란다(Open Type), 부분 철책으로 된 베란다(Semi Open Type), 유리창으로 완전 막힌 베란다 등 다양하므로 꾸미는 방법도 달라야 한다. 완전 철책인 곳은 봄부터 가을까지 가능하며 여름철에 철책이 받는 복사열로 식물이 마를 수도 있다. 동향인 경우는 별문제가 없으나 남향이나 서향인 경우 철책을 가릴 수 있는 덩굴성 식물을 올리든지 공중 화단을 만들어 보기 좋게 거는 것도 좋겠고 대나무 발로 가려 주어도 괜찮다. 꽃상자를 길게 배치하는 것도 좋은 방법이다.

부분적으로 시멘트로 막힌 베란다는 관엽 식물로 꾸밀 수 있다. 철책 부분은 1년생 초화로 장식한다. 유리창으로 막힌 베란다는

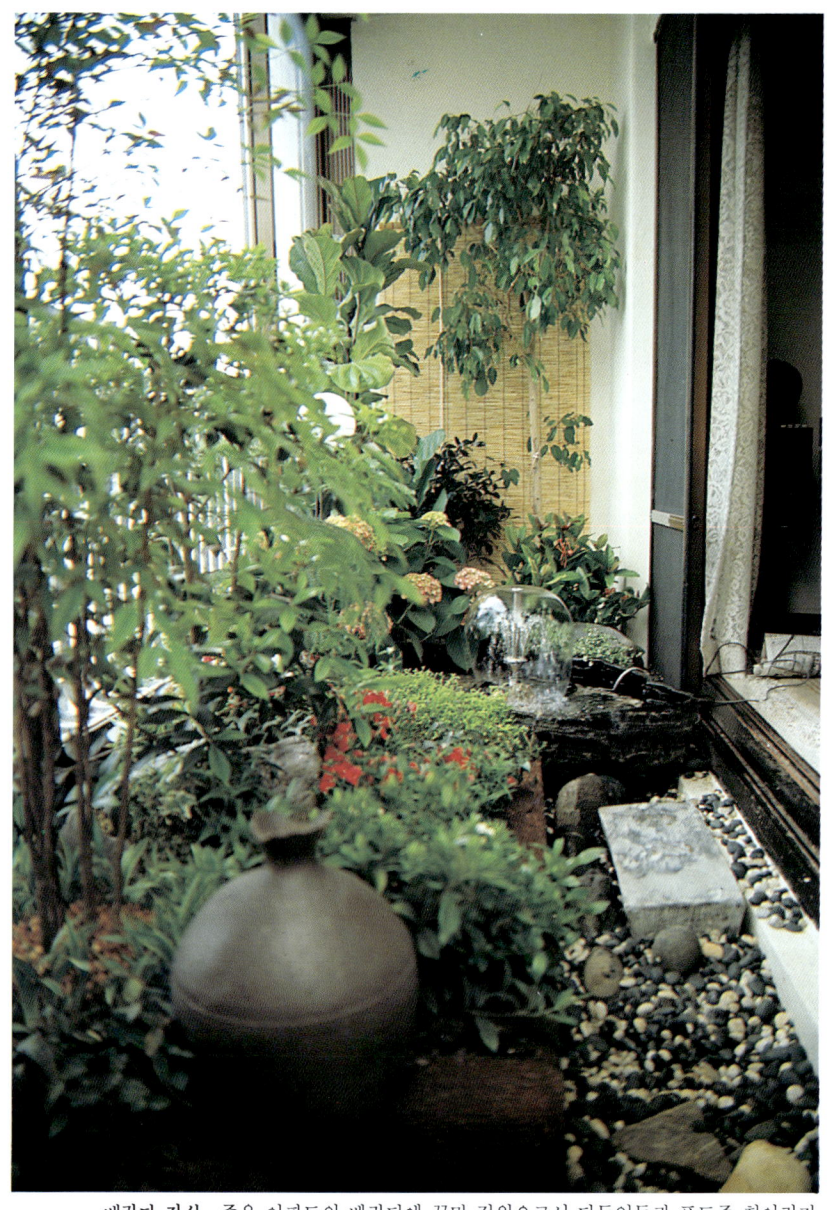

베란다 장식 좁은 아파트의 베란다에 꾸민 정원으로서 다듬잇돌과 포도주 항아리가
벤자민 고무나무와 잘 어울려 자연의 맛을 느끼게 한다.

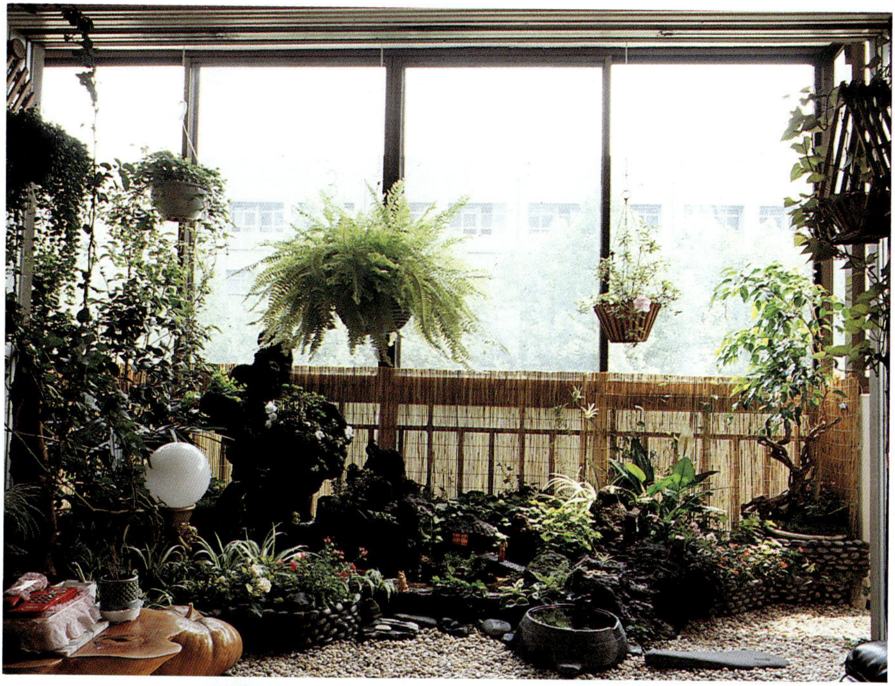

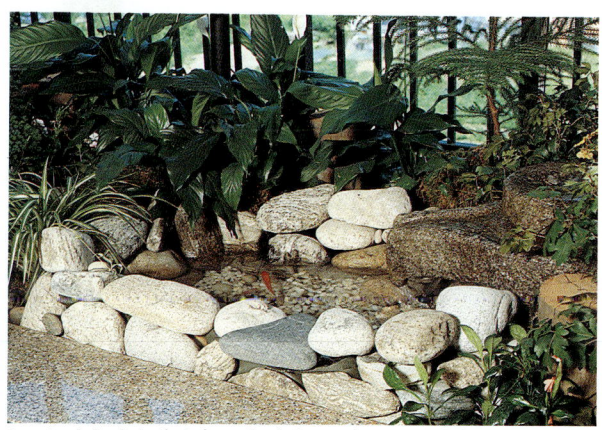

거실 장식   아파트의 거실 전면 창가에 꾸민 화단으로서 공중 걸이와 갖가지 나무로
 장식하여 부분 조명 시설을 하였다.(위)
베란다 장식   베란다의 한 부분을 연못으로 꾸몄다. 연못 주위를 여러 가지 식물로써
 장식하여 강돌로 마감 처리했으며 연못의 붕어 몇 마리가 생동감을 준다.(아래)

실내 정원으로 이용한다. 폭은 1미터 안팎이며 길이는 평수에 따라 조절이 가능하다. 거실 쪽에서 볼 때 끊어지는 선이 보이지 않도록 시선보다 약간 길게 설치한다. 층수와 앞 건물과의 거리에 따라서 방향, 통풍, 온도까지도 염두에 두고 계획해야 한다.

베란다에 알맞은 꽃은 계절감과 꽃의 색이 선명하며 다화성이면서 개화 기간이 긴 것을 택하는 것이 요령이나 무엇보다 가꾸기 쉬워야 한다. 데이지, 스위트피, 도라지, 아리삼, 한련화, 금어초, 마가렛, 아게라텀, 봉숭화, 꽃베고니아, 프리믈라, 페튜니아, 콜레우스, 제라늄과 같이 꽃이 피는 기간이 긴 것을 택한다.

구근으로는 가을에 심어서 봄에 꽃을 볼 수 있는 튜울립, 수선, 히야신스, 크로커스가 있으며 아마릴리스를 봄에 화분에 심어 관상하기도 한다. 화목류로는 동백, 아잘레아, 석류, 부겐베리아, 귤나무, 치자, 천리향 등이 좋으며 관엽 식물로는 여러 종류의 고무나무류, 드라세나류, 몬스테라, 파키라, 피닉스, 시셋스, 접란, 산세베리아 등이 재배가 잘 된다. 요즘은 완전히 노출된 베란다에 자생 식물로 꾸미는 바위 정원(Rock Garden)도 흥미있다. 우리나라 자생 식물은 관리가 수월하기 때문에 권할 만하다.

베란다에 식물을 배식할 때 식물을 화분에 따로따로 할 경우와 어떤 시설이나 벽돌로 식물을 심을 자리를 마련해서 거기에 직접 심는 방법이 있다. 후자의 경우는 용기에 신경을 쓰지 않아도 되지만 식물은 빛이 들어오는 방향으로 굽으므로 우리가 관상할 수 있는 부분은 뒷부분이 되기 때문에 부적당하다. 전자의 경우는 화분을 가끔씩 돌려주도록 한다. 용기는 화분용으로 만들어진 것뿐 아니라 흙을 담을 수 있는 것이면 어느 것이든 좋다. 고풍스러운 석물, 주변에서 쉽게 구할 수 있는 것들이 의외의 개성을 자아낼 수가 있다.

전체적인 분위기에 맞게 조경 소품을 골라 식물과 어울리도록 한다. 등, 골동품, 의자와 탁자 등이 있어 적극적인 휴식 공간으로 꾸밀 수도 있다. 베란다를 정원으로 꾸밀 때 남국의 정취를 맛볼 수 있도록 야자나무 위주로 꾸민다든지 사막의 분위기를 연출하기 위해 선인장과 다육 식물로 꾸밀 수도 있으며 자갈로 오솔길을 만들어 시골 숲속을 연출할 수도 있다.

베란다의 위치에 따라 광도가 크게 다르다. 남향의 베란다는 빛이 겨울에는 길게 여름에는 짧고 강하게 들어오기 때문에 양지 식물로 난간 쪽을 가리고 안쪽에는 음지 또는 반음지 식물로 배치하면 항상 적절한 광선을 유지할 수가 있다. 동향이나 북향일 경우는 식물 선택만 잘 하면 오히려 남향보다 좋은 결과를 가져올 수도 있다. 서향의 베란다는 여름의 직사광선을 차단해야 되며 통풍을 해서 낮에 올라간 온도가 밤에까지 해를 끼치지 않도록 해야 한다. 여름은 별문제가 없겠으나 겨울의 최저 온도가 식물을 상하게 할 염려가 있다. 열대 원산의 식물들은 바닥에 놓는 것보다는 높게 놓도록 하며 유리 틈새로 들어오는 바람을 막기 위해서 안쪽에서 비닐을 한 번 씌워 주도록 한다. 베란다와 거실로 통하는 문을 저녁에 열어 두는 것도 큰 효과를 볼 수 있다.

식물의 종류와 베란다의 위치에 따라서 물을 주는 양도 달라지게 된다. 고층에 있는 베란다 정원에는 건조가 빠르므로 평지보다는 자주 분무해 주며 건조를 방지하기 위해서 물정원을 곁들이는 것도 좋은 방법이며 가습 장치도 해준다.

실내 원예의 종류와 제작 방법

접시 정원

접시 정원은 말 그대로 접시에 정원을 만든다는 것이다. 식물들을 한 용기에 잘 배치하여 감상하는 것은 장식적인 효과를 더 높이고 운반하기도 쉽고 관리도 편리하므로 인기도가 높다.

식물과 용기 선택

식물을 선택할 때는 식물들 각각의 수분과 빛의 요구도를 충분히 알아야 한다. 식물의 수분 요구도에 따라 같은 용기라도 배양토의 높이에 차이가 있다. 곧 높은 습도에서 재배되는 식물의 얕은 용기 사용은 배양토를 충분히 넣을 수 없으므로 피해야 한다. 대부분의 실내 식물들이 접시 정원용 식물이 될 수 있다.

용기 선택은 식물과 실내 분위기와 잘 어울릴 수 있고 흙을 담을 수 있으면 된다. 유리 그릇, 도자기, 플라스틱, 항아리 뚜껑, 분재 화분 등 다양하다.

용기의 색도 식물과 강한 대비를 이루는 색보다는 자연적인 색으

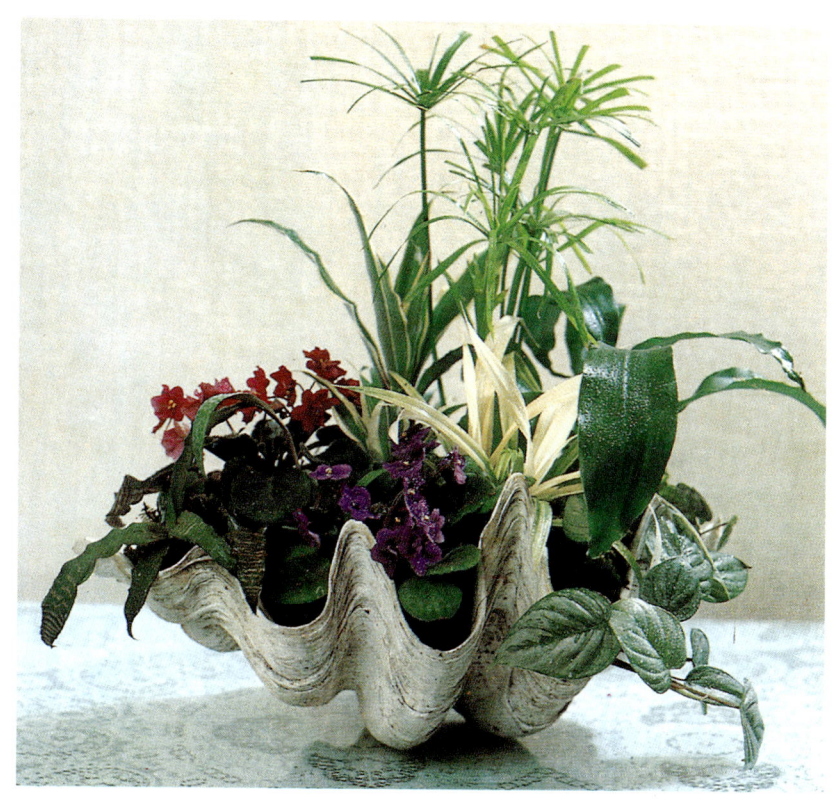

접시 정원 조개 껍질의 용기에 사이프러스, 드라세나, 트립탄터스, 아프리칸 바이올렛, 필로덴드론 등의 식물을 보기 좋게 배치하여 장식 효과를 높이고 운반하기도 쉽게 하였다.

로 검정, 밤색, 초록, 회색 등이 무난하며 용기의 높이는 7센티미터 정도 되어야 뿌리의 발달에 지장이 없는데 이보다 얕은 화분은 배수구가 있어야 되므로 받침 접시도 필요하다.

용토

배수구가 없는 용기로 제작할 경우 테라리움 제작 방법과 비슷하다. 용기 밑바닥에 2.5센티미터 높이로 배수층을 형성하는 배수 물질인 자갈, 굵은 모래, 퍼라이트를 깔고 그 위에 자갈만한 크기의 숯을 깐다. 배양토는 질석 6:피트모스 1:퍼라이트 2의 비율로 하는데 피트모스 대신 부엽토, 퍼라이트 대신 모래를 사용해도 괜찮다. 뿌리 썩음을 방지하기 위해서 제오라이트 2퍼센트를 흙과 같이 섞어서 사용한다. 배양토의 높이는 5센티미터는 되어야 뿌리 지탱과 발달에 좋다.

식물 배치

식물은 재배 환경이 같은 종류끼리 심으면 관리하기가 편리하다. 배식할 때에는 먼저 주제가 되는 식물을 선택, 배치하고 다른 부수적인 식물을 심는다. 수분 증발을 막기 위해 물이끼나 자갈을 보기 좋게 깔아 주기도 한다.

관리

접시 정원은 테라리움의 경우보다 공기에 노출이 심하기 때문에 수분 공급을 자주 해주어야 되며 배양토가 인조 토양이기 때문에 10 내지 20일에 한 번씩 비료를 준다. 용토뿐 아니라 잎에도 비료를 주는데 표면보다 뒷면이 흡수가 빠르기 때문에 잎의 뒷면에도 뿌려준다.

사막을 연상하는 선인장 정원은 선인장이나 수분 함량이 많은 다육 식물들을 이용할 경우는 배수가 좋은 토양이면 된다. 모래 3:피트모스 1의 비율로 함이 적당하다. 이러한 식물은 토양이 빨리 마르지 않으면 뿌리가 썩기 쉬우므로 며칠에 한 번씩 관수하고 잎에 도 가끔 분무해 준다. 식물 상태가 좋지 않을 때는 저녁마다 비닐이 나 유리를 씌워 아침에 벗겨 내면 한결 상태가 좋아진다.

공중 화단 및 벽에 붙이기

공중 화단(Hanging Basket)은 최근 용기의 개발과 함께 집안 장식 용품으로 중요한 부분을 차지하고 있다. 실내의 공간이 점점 좁아짐 에 따라 수평적 공간의 활용이 어렵게 되므로 수직적 공간을 이용하 여 장식하는 방법이다.

공중 화단은 사방에서 볼 수 있는 방법과 한 쪽 면을 벽에 붙여 걸어 앞면에서만 감상할 수 있는 벽걸이 방법이 있다. 이런 방법은 실내뿐 아니라 실외의 창가, 처마 밑, 큰 나뭇가지가 앙상하게 있는 곳, 보기 흉한 담장에 여러 개를 배치하든가 대문에도 좋은 장식거 리가 된다.

장식 위치

공중 화단에 이용되는 식물 가운데 꽃식물은 햇빛이 잘 드는 창문 쪽에서 재배하는 것이 적당하고 반그늘진 곳, 벽과 벽 사이, 그늘에 서는 신답서스, 아이비류 등의 관엽 식물이 적당하다. 꽃식물이라도 여름의 강한 직사광선은 막아 주는 것이 좋다. 온도와 광선 요구도 가 비슷한 식물끼리 같은 장소에 배치하는 것이 관리하기도 쉽다.

공중 화단은 사람이 활동하기에 불편을 주지 않는 곳에 장식되어 야 하므로 위치와 높이는 같은 장소에 장치하더라도 식물의 성장 모양에 따라 차이가 있다. 곧 사람의 키 높이, 눈 높이, 눈 아래 높이, 가슴 높이, 허리 높이 등으로 구분되는데 위로 자라는 식물은 낮게 장치하고 아래로 늘어지는 식물은 늘어지는 정도에 따라서 높이를 조절한다.

심는 법

대부분 공중 화단용 화분은 거는 고리와 받침 접시가 있고 배수구가 있는 것과 없는 것으로 구분이 된다.

배수구가 없는 용기는 테라리움이나 접시 정원과 같이 밑에 배수층을 형성하는 자갈, 돌조각, 펄라이트 같은 배수 물질을 반드시 깔고 숯을 넣고 제오라이트를 조금 넣고 배양토에 식물을 심는다.

배수구가 있는 용기는 보통 화분 식물과 같은 방법으로 심지만 공중은 바닥 부분보다 건조하므로 피트모스나 부엽토를 넉넉하게 넣는다. 화분 위로 물이 넘는 것을 막기 위해서 화분의 턱을 3센티미터까지는 빈 공간으로 남겨 두도록 한다.

철사 등을 이용한 그물 용기인 경우 우선 젖은 이끼를 용기 속에 충분히 넣은 뒤 배양토를 넣고 식물을 심는다. 이러한 용기는 건조가 더 심하므로 이끼를 많이 넣어서 어느 정도 수분 유지를 시켜 준다.

공중 화단의 용기는 10 내지 60센티미터까지 다양하다. 공중에 걸려 있는 식물은 관수를 자주 해주어야 할 뿐 아니라 햇빛이 잘 드는 창가에 장치한 공중 화단은 주위의 온도가 더욱 높아 뿌리보다 잎이 빨리 마르게 되므로 분무기로 자주 물을 뿌려 준다. 토양은 습하나 잎이 마르는 현상이 자주 일어나면 장소가 적당하지 않으니 옮기는 것이 바람직하다.

받침 접시에는 흘러내리는 물과 염분이 고이게 된다. 받침 접시에 고인 물은 곧바로 버려야만 물과 함께 나온 염분이 다시 토양 속으

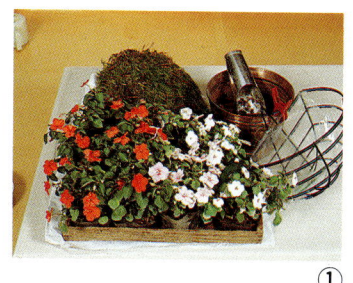

①

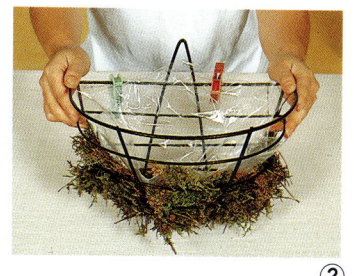

②

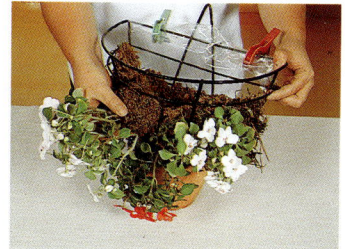

③

벽걸이 화단 만드는 법

1. 와이어, 비닐, 집게, 수태, 생명정, 삽, 아프리칸 봉선화를 준비한다.
2. 벽에 붙이는 와이어 면에 비닐을 펴 놓고 수태를 밖이 푸르게 깐다.
3. 화분에서 식물을 꺼내어 흙을 털고 와이어 중간중간에 적당히 생명정과 용성인비 섞은 것을 넣으면서 심는다. 이때 맨 위에다 3개 정도 심는다.
4. 모두 6 내지 9개 정도의 아프리칸 봉선화 묘로 만든 벽걸이 화단은 충분히 물을 주고 반그늘 정도의 장소에 장식한다.

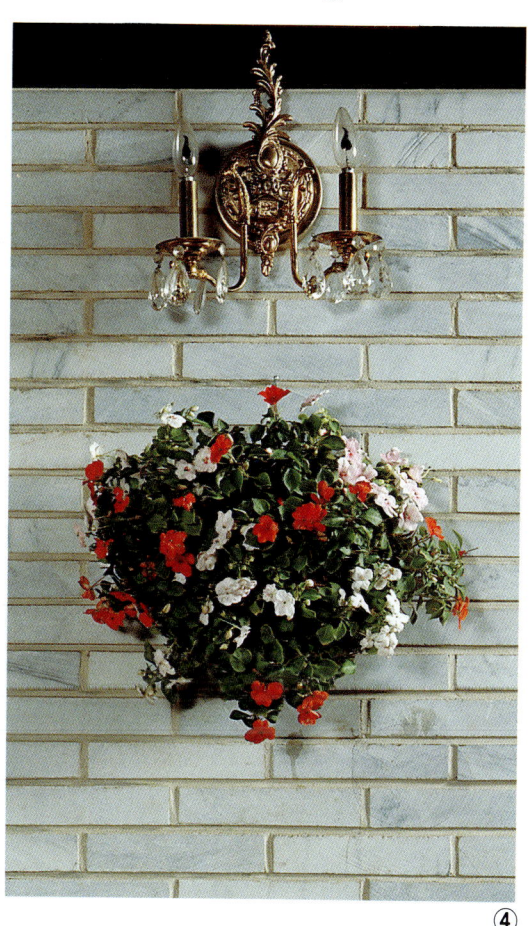

④

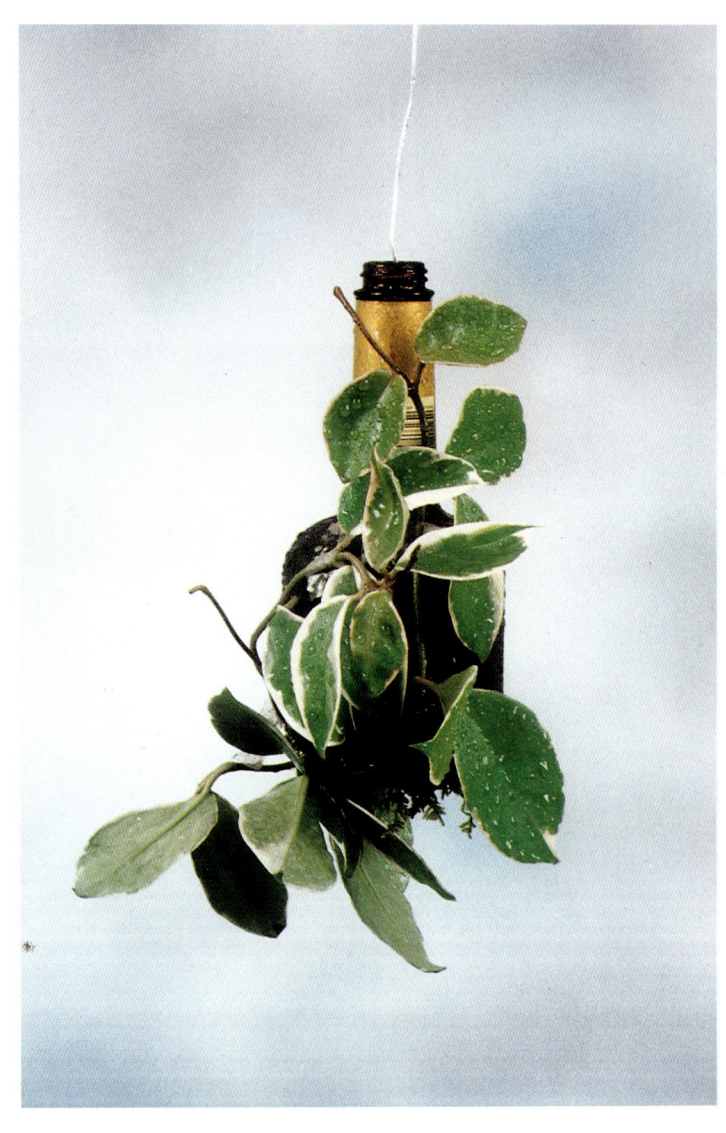

공중 화단　양주병 밑면을 잘라내고 수태와 생명정으로 호야를 심어 창가에 걸어 놓았다.

로 흡수되지 않아 식물에 해를 주지 않는다.

배수구가 없는 용기는 관수 문제에 더 관심을 가져야 한다. **뿌리 주변의 수분 함량이 지나치면 토양 공기가 적어져서 뿌리가 상하기 쉽다.** 새로 심은 공중 화단 식물은 약 1개월 뒤부터 비료를 주기 시작한다. 물을 자주 주기 때문에 배양토의 양분이 물에 섞여 유실되기 쉬우므로 다른 화분 식물보다 비료를 자주 주어야 한다. 적당한 식물로는 싱고늄, 시셧스류, 접란류, 러브체인, 에피시아, 푸밀라 고무나무, 휘토니아, 임파첸스, 셈파프로렌스, 네프롤레피스, 아스파라거스, 필로덴드론, 신답서스, 톨메아, 빈카, 제브리나 등이 있다.

늘어지는 성질의 덩굴성 식물은 위쪽으로 유인하여 마치 실외의 담쟁이가 벽에 기어 오르듯 실내의 벽을 장식한다. 이같이 벽에 기어 오르게 하면 화분 갈이를 하거나 장소를 옮기는 것은 불가능하고 그 자리에서 분갈이를 하든지 분은 그대로 두고 용토만 조금씩 갈아 주어야 하는 단점도 있다. 식물 선택과 위치 선정 때 조건에 적합한 식물을 택해야 한다. 식물의 덩굴이 식당의 벽면이나 현관의 문 주위, 거실의 가구와 조화를 이루면서 자라나는 모습은 실내의 분위기를 한결 좋게 하고 실내 장식면에서도 효과적이다.

물재배

물재배(Hydro culture)란 물 속에서 식물을 기르는 방법을 말한다. 물재배는 1930년 토마토 묘를 영양액에 담가 상업적으로 재배하여 발전된 것이 지금은 취미 원예가에게도 큰 인기를 얻고 있다. 노동력 절감뿐 아니라 투명 용기를 통해 뿌리가 자라는 것도 볼 수 있고 물을 사용하기 때문에 여름에 청량감도 있다.

물재배 용액은 식물의 다양한 원소로 알려진 질소(N), 인산(P), 칼륨(K)를 비롯하여 마그네슘(Mg), 철(Fe), 망간(Mn), 구리(Cu), 칼슘(Ca), 유황(S), 몰리브덴(Mo), 아연(Zn) 등 미량 요소 적당량을 배합하여 만드는데 요즈음은 크놉스(Knopis) 용액, 호그란트 용액, 크노스 용액 등 여러 용액을 사용한다. 그러나 실내 원예인 경우 시중에 나와 있는 양액이나 여러 식물 비료를 물에 타서 사용하기도 한다.

관엽 식물의 물재배

아프리칸 바이올렛, 톨메아, 잎베고니아 등은 잎자루를 3센티미터 길이로 잘라서 물 속에 넣어서 뿌리를 내리게 하지만 신답서스, 아이비, 트라데스칸티아, 필로덴드론, 싱고늄 등은 마디에서 뿌리가 내리기 때문에 2, 3개의 잎이 달린 마디 바로 밑 2, 3센티미터 정도에서 칼로 비스듬히 잘라서 물에 담가 주면 뿌리가 나오게 된다. 접란과 같이 공중 뿌리(흡근)가 나와 있는 애기 식물을 잘라 공중 뿌리를 물에 담가 놓으면 뿌리가 내린다. 이때 물그릇을 은박지로 싸 놓으면 뿌리가 빨리 내린다.

하이드로 콘과 하이드로 볼을 이용한 물재배

하이드로 볼(Hydro ball)이란 공기가 많이 유통될 수 있는 인공 배양토로 그 모양은 마치 작은 돌멩이와 같으며 통기력, 보수력이 좋고 크기는 팥알만한 1호부터 도토리 크기만한 6호까지 있다.

하이드로 콘(Hydro corn)은 크기를 상, 중, 하로 나누고 있다. 대부분 실내 식물에는 이 재배 방법이 가능한데 물을 줄 때마다 비료를 첨가해서 주도록 한다.

만드는 방법　첫째, 용기를 깨끗이 씻는다. 둘째, 물의 부패를 방지하기 위해 밑바닥에 굵은 제오라이트를 깐다. 셋째, 깨끗이 씻은

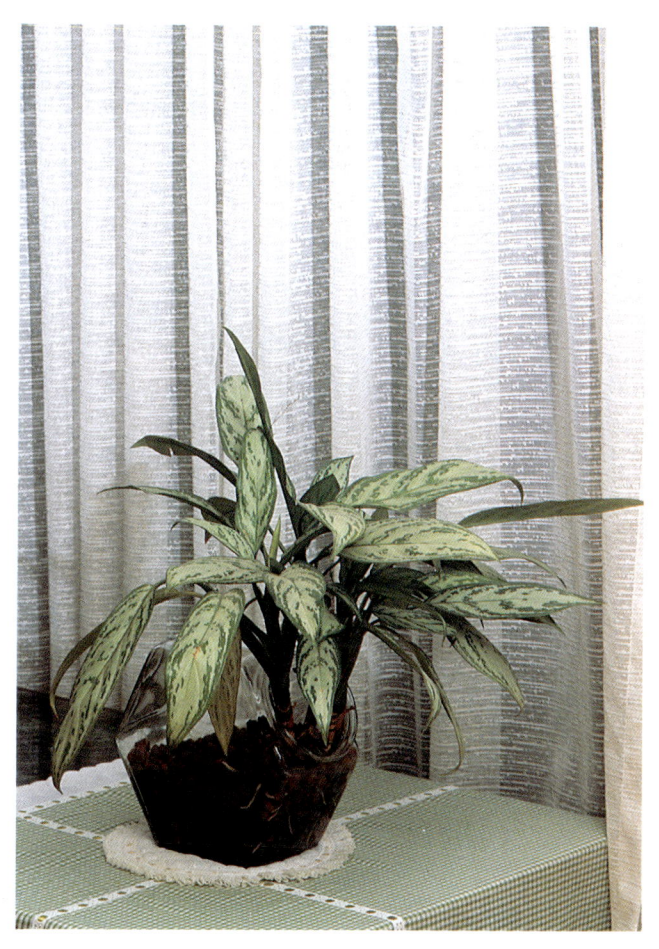

하이드로 볼을 이용한 물재배   각이 진 투명한 사탕병에 하이드로 볼을 이용하여 아그
레오네마를 심어서 장식하였다.

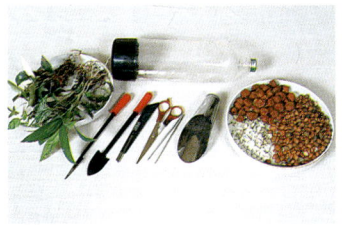

①

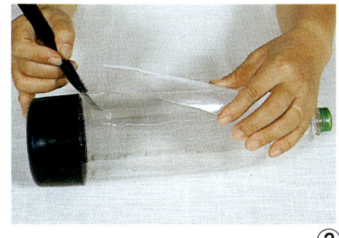

②

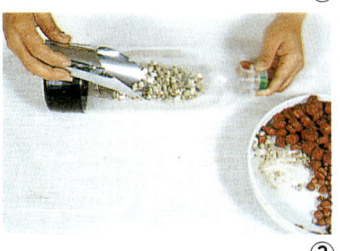

③

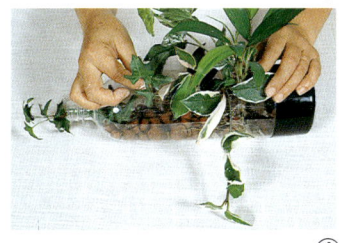

④

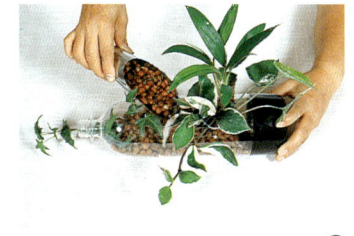

⑤

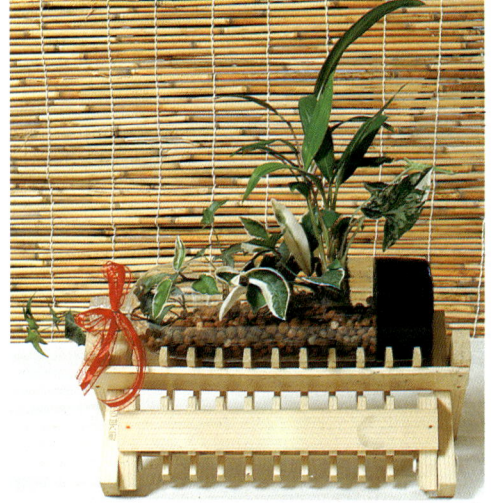

⑥

플라스틱 음료수 병을 이용한 물재배

1. 하이드로 볼, 제오라이트, 분재삽, 칼, 작은삽, 투명 플라스틱 용기, 식물(코르딜리네, 호야, 아이비)을 준비한다.
2. 식물을 심을 수 있도록 칼로 용기를 도려낸다.
3. 용기에 제오라이트를 깔고 하이드로 볼을 넣는다.
4. 큰 식물부터 심기 시작한다.
5. 식물이 움직이지 않도록 작은 하이드로 볼을 식물 사이에 넣는다.
6. 리본을 달고 반그늘에 장식한다.

굵은 하이드로 볼을 넣는다. 넷째, 뿌리가 닿는 부분에 이온 교환 수지를 넣고 식물을 고정시키며 그 사이사이에 깨끗이 씻은 작은 하이드로 볼을 넣는다. 물은 항상 용기의 3분의 1 정도를 유지시켜 뿌리 호흡을 돕게 한다(하이드로 콘도 같은 방법이다). 자갈이나 구슬을 사용할 경우에는 뿌리에 물이 닿게 하여 뿌리가 마르지 않게 하여야 한다. 그러므로 뿌리가 튼튼한 식물을 고르도록 하는 것이 하이드로 볼을 이용하는 물재배와 다르다.

구근류의 물재배

가을의 추식 구근을 이용한 물재배는 꽃과 잎이 흔하지 않은 1, 2월에 꽃을 볼 수 있으므로 인기가 좋다. 구근은 꽃이 필 때까지 양분이 충분하므로 비료는 줄 필요가 없다. 추식 구근은 9월경에 시중에서 구입한다. 구근은 외모가 크고 알이 꽉 찬 것을 골라 저온 처리를 해야 한다. 외국에서는 저온 처리된 구근만 판매하고 있으나 우리나라 종묘상에서는 저온 처리가 안 된 것도 있기 때문에 구입한 뒤 꼭 저온 처리를 해야 한다. 저온 처리를 쉽게 하는 방법으로는 구근을 45일 정도 건조 냉장 처리(섭씨 5 내지 10도)한다.

재배 방법으로는 용기에 물을 채우고 숯이나 제오라이트를 넣어 물의 부패를 막는다. 구근을 15일 정도 어두운 곳에 두었다가 뿌리가 내리면 밝은 곳으로 옮겨 두고 차차 따뜻한 곳으로 놓으면 약 1개월 뒤쯤 꽃이 핀다. 물은 10 내지 20일 간격으로 갈아 주고 뿌리가 약한 식물은 모자라는 물만 보충해 준다. 물의 양은 뿌리가 공기와 접촉하도록 뿌리 끝부분이 짐길 만큼만 물을 부어야 한다. 구근자체는 꽃이 필 때까지 양분이 충분하므로 비료는 줄 필요가 없다.

수정토를 이용한 물재배

수정토(Hydro plus)는 여러 가지 색의 젤리 형태로 흡수력, 보수력이 아주 좋으며 식물 성장에 필요한 질소, 인산, 칼륨 등을 함유하고 있으므로 비료는 주지 않아도 된다. 단 잎에 주는 엽면 시비는 무방하다. 이 수정토는 무취, 무독, 무균이므로 인체에도 해가 없다. 한 번 심으면 4년까지 분갈이가 필요없으며 병충해도 신경을 쓰지 않아도 된다. 심은 뒤 뿌리가 나올 때까지 물을 주지 말고 30일 간격으로 수정토의 3분의 2 분량만큼 물을 준다. 관리할 때 직사광선을 피하도록 해주며 여러 색을 사용하지 말아야 한다. 난과 선인장류를 제외한 실내 식물에 가능하다.

만드는 방법 첫째, 다른 수경 재배 방법과 같이 식물을 화분에서 꺼내어 깨끗이 씻고 썩은 뿌리는 잘라낸다. 둘째, 투명 용기의 3분의 1 정도 수정토를 넣고 제오라이트나 이온 교환 수지를 깔고 식물 뿌리를 잘 펴 놓으면서 나머지 부분에 수정토를 넣는다. 뿌리가 나올 때까지 그늘에 둔다.

수정토를 삽목용 배지(培地;미생물을 배양하는 데 쓰는 영양물로 배양기라고도 한다)로 사용해도 효과가 크다. 수정토를 유리 용기에 넣고 행운목이나 접란, 필로덴드론, 싱고늄, 스킨답서스 등의 새순을 예리한 면도칼로 자른 뒤에 꽂아 두면 하루가 다르게 뿌리가 나오므로 급성장하는 뿌리를 관상할 수 있다.

직사광선에는 수정토가 녹아버리므로 밝은 장소는 좋으나 직사광선은 피해서 장식하여야 한다.

테라리움

테라리움(Terrariums)이란 습도를 지닌 막힌 용기 속에서 식물을 키우는 원예 방식 가운데 하나이다. 이것은 좁은 실내 공간에서도 가꿀 수 있고 힘들이지 않고 기를 수 있기 때문에 가정이나 사무실

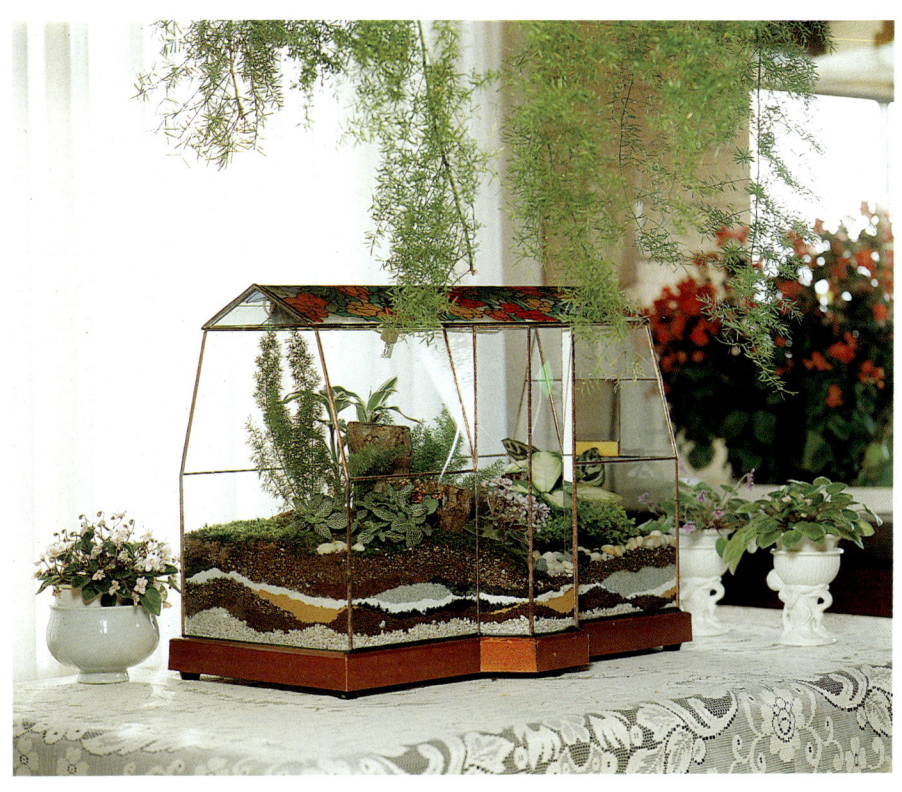

테라리움　유리로써 비교적 크게 만든 테라리움으로 뚜껑을 스테인드글라스로 덮어
화려하게 장식하였다. 힘들이지 않고 기를 수 있으므로 인기가 높은 원예 방식이다.

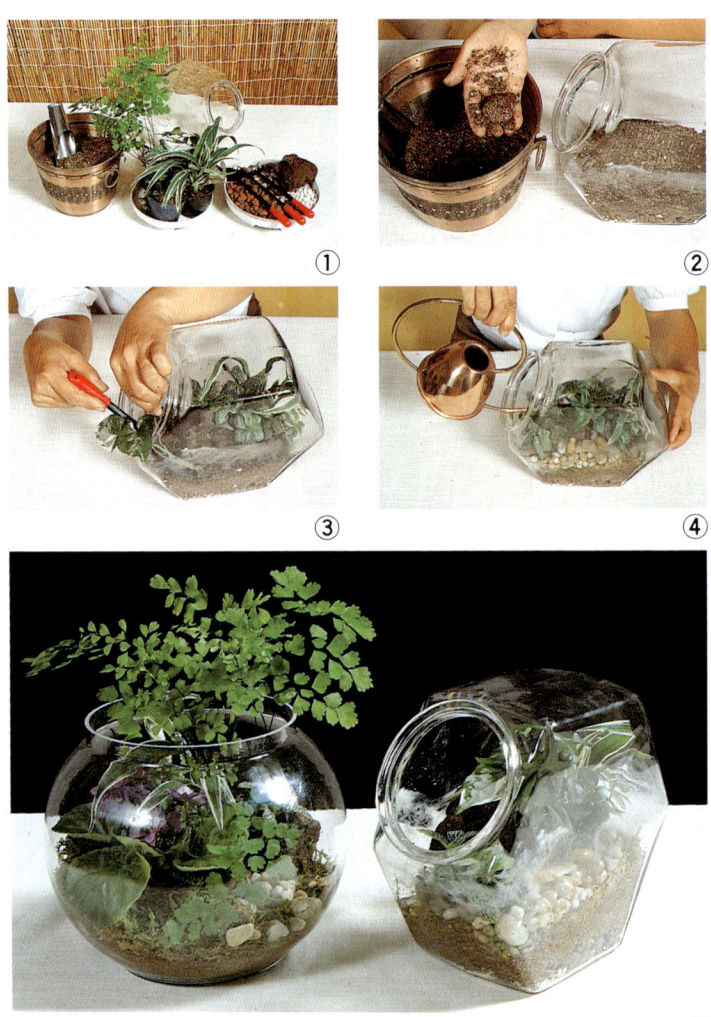

테라리움 만드는 법

1. 준비물은 용기, 배양토, 배수층(하이드로 볼, 숯, 제오라이트), 식물(아디안텀, 접란, 아이비), 돌 등이다.
2. 배수층을 용기 높이의 8분의 1을 깔고 배양토는 높이의 4분의 1을 넣는다.
3. 돌을 적당히 넣고 식물을 심는다.
4. 벽면을 청소도 할 겸 주둥이가 긴 물뿌리개로 물을 준다.
5. 그늘에 3, 4일 정도 두었다가 반그늘에 장식한다.

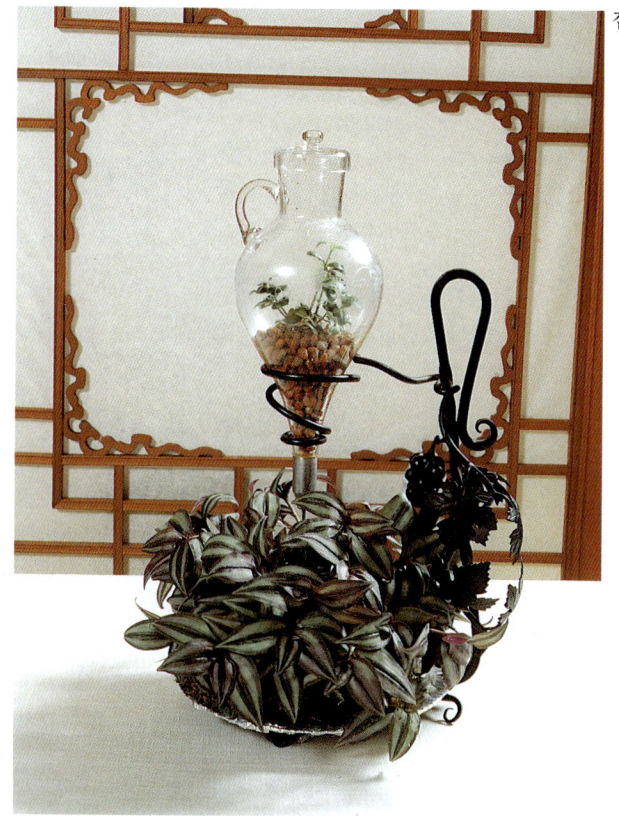

에서 인기가 높다. 기존 가구와 조화를 이루거나 빈 공간 등을 적절히 이용한 테라리움은 실내의 분위기를 한층 높일 수 있다.

특히 차 탁자(Tea table) 등과 같이 가구로서의 기능을 겸한 테라리움 탁자는 보는 이로 하여금 자연의 신선함과 인공적인 아름다움을 동시에 느끼게 해준다.

우리의 환경과 같이 습도가 낮은 실내에서는 테라리움을 이용하여 작은 정원을 감상할 수 있다.

원리

적당한 빛만 있으면 용기 속에서 물과 산소가 순환되어 식물 생장이 가능하다. 곧 빛은 탄소 동화 작용을 위한 열과 에너지를 공급하고 식물에서 방출된 탄산가스와 토양 속의 수분은 탄소 동화 작용(이산화탄소와 물로써 탄수화물을 만드는 작용)의 요소가 된다. 토양 속의 양분은 식물이 생장하고 정상적인 기능을 유지하는 원동력이 된다. 이화 작용(異化作用:생물의 물질 대사 가운데 복잡한 화합물을 간단한 물질로 분해하는 작용)은 밤과 낮 모두 일어나며 탄산가스를 생성하는 동안 산소가 소모된다. 잎에서 증발된 수분은 병 주위에 수증기로 남았다가 토양 속으로 스며들며 다시 뿌리로 빨아올려진다. 이런 방법으로 산소, 탄산가스, 수분이 계속적으로 순환된다. 그러므로 관리하는 데 시간이 필요없고 긴 시간 동안 관수가 필요없으므로 바쁜 사람이나 초보자에게도 적당한 취미 생활이 될 수 있다.

용기

적당한 용기는 우리 주변 어디서나 쉽게 구할 수 있다. 유리병, 투명 플라스틱 용기, 어항 등도 좋은 테라리움 용기가 될 수 있다. 용기에는 완전히 입구를 막는 밀폐식과 공기 구멍이 있는 개폐식이 있다.

밀폐식 테라리움 용기는 보통 때에도 용기 안의 온도가 밖의 온도보다 3, 4도 정도 높으므로 창문 가까이 놓게 되면 강한 광선에 견디기 힘이 들므로 강한 광선은 피하는 게 좋다.

개폐식 테라리움은 용기 안과 밖의 온도가 조절되므로 강한 광선도 좋고 식물과 토양을 손으로 다룰 수 있어 식물을 기르거나 관상하기에 쉽다.

용토

이상적인 용토는 가볍고 공기 유통이 잘 되어야 하며 항상 수분이 유지될 뿐 아니라 비료분이 있고 병균과 벌레가 없어야 한다.

배수 물질　뿌리 근처에 남아 있는 물을 배수하고 공기 유통을 돕는 역할을 한다. 소독된 자갈, 돌조각, 굵은 퍼라이트, 숯 등이 필요하다. 숯은 배수 물질 위에 0.5센티미터 크기로 잘라 얇게 깐다. 이것은 식물 뿌리에서 나오는 노폐물을 흡수하고 과다한 염분을 흡수한다.

배양토　무균 상태의 부식토같이 유기질 함량이 높아야 한다. 요즈음 구하기 편한 인공 토양을 사용하는데 이것은 높은 온도에서 구워냈기 때문에 무균 상태이며 가볍기 때문에 테라리움 용토로서 적당하다. 인공 토양의 배합 비율은 질석(Vermiculite) 7 : 퍼라이트 (Perlite) 2 : 피트모스(Pealtmoss) 1에 제오라이트(Zeolite)를 전체의 1퍼센트 정도 섞어서 물에 버무려 사용한다.

식물 선택

식물 선택은 주로 습한 환경을 좋아하고 온도에 민감하지 않아 높은 온도에 잘 견디며 생장 속도가 느린 식물이 이상적이다. 양치류인 대곡도, 아디안텀, 네프롤레피스, 테리스, 베고니아류, 드라세나류, 삭시후로가류, 선인장, 다육 식물류, 필로덴드론, 돌단풍, 칼라데아류, 마란타류, 페페로미아류, 피레아류, 어린 야자류, 휘토니아류, 신답서스, 싱고늄, 미니 아프리칸 바이올렛, 안스륨, 호야, 아스파라거스 등이 테라리움에 이용할 수 있는 식물들이다.

왜성장미의 화분 재배

 과거의 작은 종의 장미와는 달리 실외 화단이나 베란다는 물론 실내의 약한 광선에서도 재배가 가능한 작은 장미(minirose)는 품종 선정에 따라 승패가 좌우되므로 정확한 족보가 있는 수종을 구입해야 한다. 메이안디나 계통의 작은 장미가 프랑스의 알란 메이양에 의해 개발되어 80년 이래 계속적으로 20여 품종이 나오고 있다.

 최저 8도 이상이면 연중 개화가 가능하며 수명도 15 내지 20년으로 일반 장미와 같다. 메이안디나 계통의 특성은 종래의 작은 종보다 꽃이 크고 아름다우며 화색이 좋고 잎이 크고 아름다우며 수형도 예쁘다. 꽃의 수명은 여름에는 10일, 봄, 가을에는 15 내지 20일, 저온에서는 30일까지도 가능하다. 실내 습도와 빛이 부족하더라도 낙엽이 지지 않으며 촉성 재배가 가능하며 강건하여 노지 재배도 가능하다.

 번식은 삽목(6월에서 10월 초까지)과 접목(7월에서 9월까지), 절목(11월에서 이듬해 2월까지) 등이 가능하다.

 가정에서 1년생, 2년생 묘를 구입하였을 경우의 관리는 개화가 끝나면 1년생 묘는 18센티미터의 분에 옮기고 화분 지면에서 11, 12센티미터 높이에서 전지해서 2번째 꽃을 본다. 3, 4번째 꽃은 2번째 꽃높이에서 3센티미터 더 붙여 잘라 준다. 화분에 뿌리가 꽉 차면 다음 크기의 화분에 옮겨 준다. 배양토는 다음과 같은 비율로 만들 수 있다.

 🌺 흙(양토) 4 : 부엽토 4 : 퇴비(완숙우분) 2
 🌺 흙(양토) 3 : 톱밥 4 : 퇴비(완숙우분) 3
 🌺 흙(양토) 4 : 부엽토 2 : 톱밥 2 : 퇴비 2
 🌺 흙(양토) 3 : 피트모스 5 : 퇴비 2

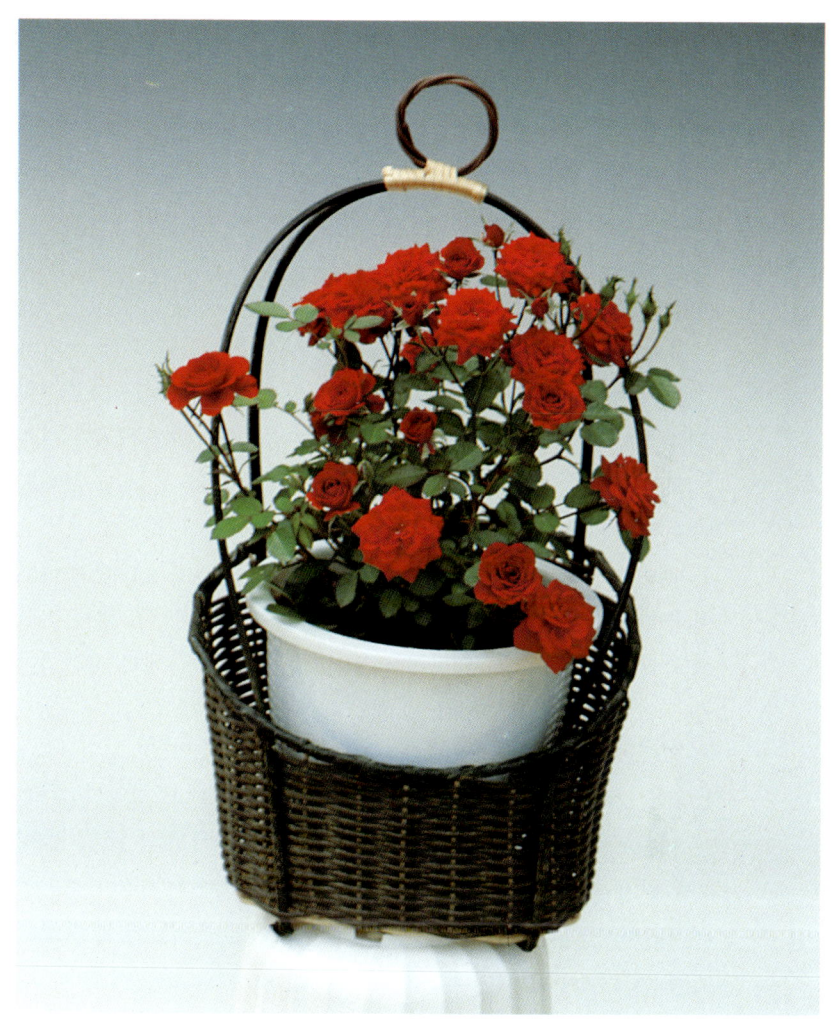

레드 메이안디나 왜성장미 가운데 이 종은 꽃과 잎이 크고 아름다우며 화색이 좋다.
메이안디나 계통에서도 색깔이 여러 가지가 있는데 이것은 빨강색 메이안디나이다.

병충해

일반 장미보다 심하지 않으나 7 내지 9월 고온 건조 때 응애(잎이 딱딱해지고 꽃이 잘 피지 않는 병) 발생을 조심해야 한다. 키가 작기 때문에 병이 발생한 경우는 소독이 곤란하므로 켈센, 다이지논, 토큐, 실비란, 테니온, 사브롤 등으로 예방한다.

월동 대책

첫째, 화분 위 20센티미터까지 땅에 묻어 두었다가 봄에 캐내어 분갈이를 한다.

둘째, 11월 하순께 장미잎이 완전히 떨어져 휴면에 들어가면 영하 2도에서 섭씨 2도 정도의 추운 곳에 보관하고 화분에 비닐 봉지를 씌워서 화분째로 보관해 두었다가 봄에 분갈이를 한다.

셋째, 많은 양은 불가능하지만 장미가 낙엽이 져서 휴면에 들어가면 뿌리를 털어서 흙을 깨끗이 씻고 물에 적신 신문지에 싸서 비닐에 밀봉하여 냉장고의 냉동실에 보관했다가 봄에 분에다 옮긴다.

물관리와 액비 주기

화분 식물은 땅에 있는 식물과는 달리 물주기와 비료 주기에 신경을 써야 되는데 꽃이 많이 피는 시기는 특히 더 신경을 써야 한다. 깻묵을 발효시켜 물에 타서 두었다가 물을 줄 때마다 주면 좋지만 실내에서 키울 때에는 냄새가 나기 때문에 인산질 비료가 많은 꽃보기용 비료를 주도록 한다.

아프리칸 바이올렛

'센트포리아'라고 불리는 실내 화초로 꾸준한 인기를 끌고 있다.

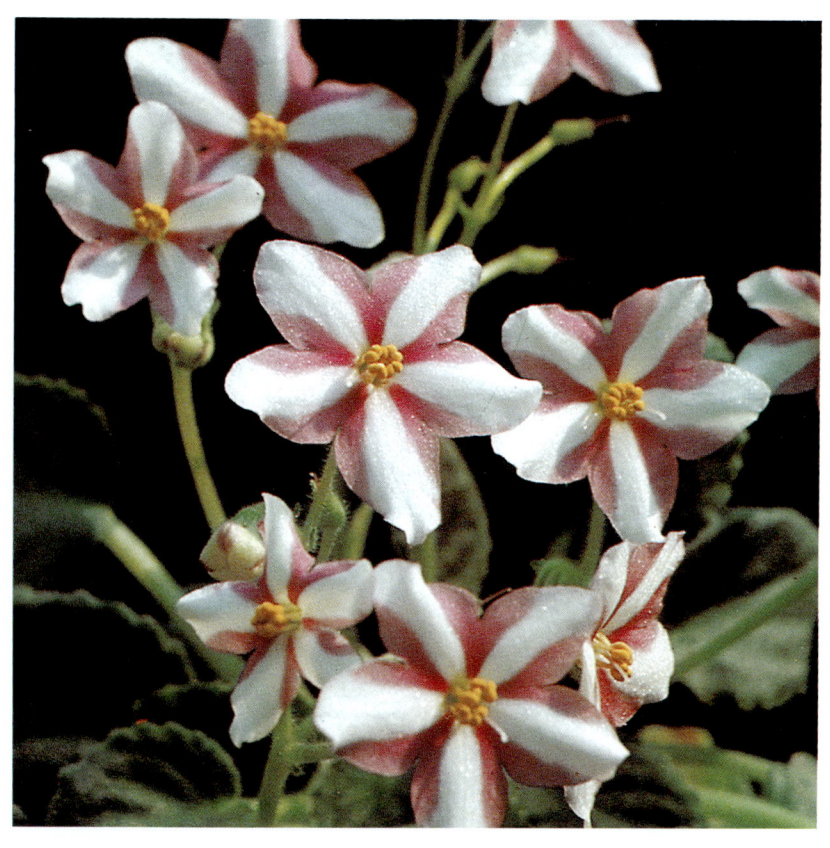

핀휠종 아브라이즈(Ablaze)　아프리칸 바이올렛의 일종으로 포기 나누기로만 번식이
가능한 식물이다.

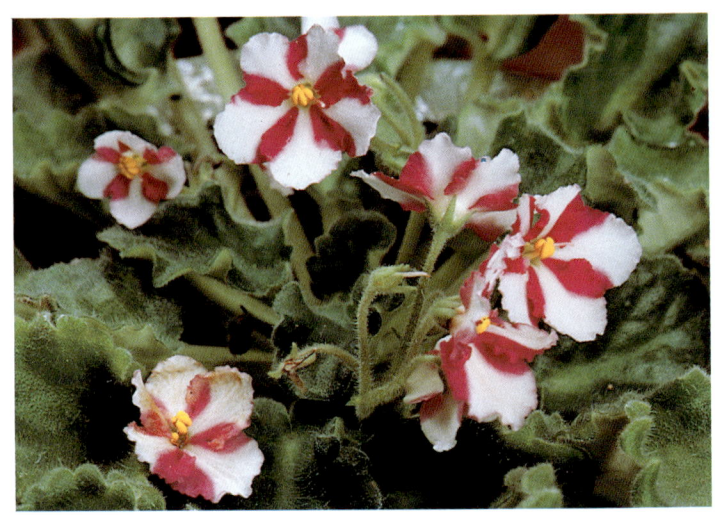

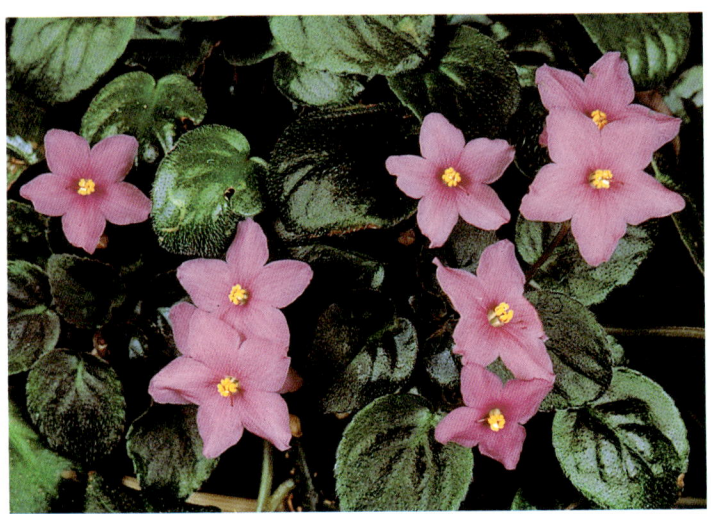

핀휠종 써키스 보이 아프리칸 바이올렛의 일종인 핀휠종이다.(위)
트레일종 바이올렛 트레일 아프리칸 바이올렛의 일종인 트레일종으로 200송이 이상
의 꽃이 피는 식물이다.(아래)

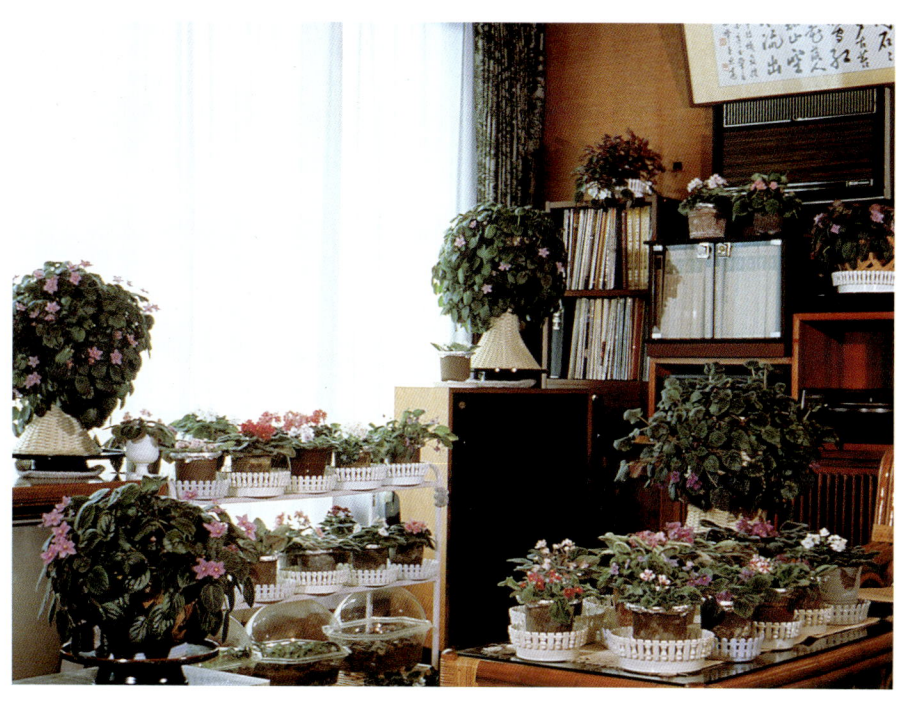

아프리칸 바이올렛으로 꾸민 거실 단독 주택의 거실을 여러 종류의 아프리칸 바이올
렛으로 꾸몄다. 가격이 싸며 작은 화분에 키울 수 있어 실내 화초로 인기가 높다.

겨울 온도 최저 섭씨 15도 이상이면 누구나 키울 수 있다.

종류가 다양하여 연중 계속 꽃을 볼 수 있고 번식하기가 쉬우며 가격이 싸다. 작은 화분에 키울 수 있어서 좁은 공간을 이용한 장식과 취미로 적당하다.

묘를 구입할 때에는 외관상 병과 벌레의 피해가 없이 싱싱하며 6매 이상 잎이 나온 것으로 잎자루가 짧고 잎색이 좋으며 잎들이 위로 보는 것보다는 평평하게 자란 것, 큰 포기, 외대인 것을 구입하여야 하며 정확한 이름을 알아야 한다.

온도

낮에는 18 내지 26도, 밤에는 18도가 가장 이상적이며 겨울의 18도 이하나 여름의 30도 이상 되는 기온에서는 꽃피우기가 어렵다. 겨울의 야간 온도(식물이 있는 위치)가 15도 이하가 되면 생기가 적어지고 기르기 힘들게 된다. 겨울철 온도가 내려갈 때에는 화분대에 비닐를 쳐서 밤의 온도 유지에 신경을 써야 한다.

광선

강한 간접 광선(6000 내지 8000럭스)이 좋으며 강한 빛일 경우 흰 레이스 커튼을 통해서 들어오는 정도면 좋다. 백색 형광등이나 식물 육성용(트루라이트, 할로겐 등) 형광등 밑에서 하루 14 내지 16시간 비추면 자연광보다도 좋은 꽃을 볼 수 있다. 인공등과 식물과의 간격은 20와트짜리 1개일 경우 15센티미터 정도, 40와트 1개일 경우 20 내지 25센티미터, 40와트 2개일 경우 40센티미터 정도의 거리에 설치하는 것이 이상적이다. 꽃색과 잎색에 따라서도 필요한 광량의 차이가 있다. 잎이 진하고 잎 가장자리가 붉은 것(잎 뒤가 붉은 것도 포함), 꽃색이 진한 것일수록 많은 광량이 필요하므로 제일 밝은 곳에 배치한다. 광선이 부족하면 잎자루가 길어지고 옆으로 퍼지지 않고 꽃도 잘 피지 않는다. 자연광일 경우 가끔 화분을 돌려준다.

습도

50 내지 60퍼센트가 이상적이다. 여름 장마 때는 너무 습하고 겨울에는 너무 건조하지만 가습기를 사용할 필요는 없다.

통풍

겨울에는 큰 문제가 없으나 찬 공기가 직접 쐬지 않도록 주의하며 한여름에는 창문을 통해 통풍이 잘 되게 하여 약간 기온을 낮추고 생육을 도와 병 발생을 적게 하거나 작은 선풍기를 이용해서 직접 바람을 받게 하지 않고 벽에 부딪쳐서 오는 바람 정도로도 큰 효과를 얻어 1년 가운데 꽃이 적게 피는 9월에도 꽃을 볼 수 있다.

물주기

용토의 표면이 건조해 보일 때 실온의 물(18도 정도)을 주되 물빠짐이 좋아야 한다. 10도 이하의 물을 주면 냉해를 입어 잎에 누런 얼룩이 생긴다. 물은 수돗물도 괜찮으며 화분 받침에 공급해 주기도 한다. 가끔 식물 전체에 물을 뿌려 잎의 먼지나 응애를 없애 주기도 한다.

용토

보통 인조 토양인 경우 굵은 질석 80, 퍼라이트 20, 피트모스 10, 제오라이트 2, 용성인비 2, 마그암프K 2를 물과 잘 섞어 2, 3일 정도 두었다가 사용하면 PH 5.5 내지 6.5가 된다. 아프리칸 바이올 렛은 뿌리 전체가 실뿌리로 되어 있기 때문에 습기에 아주 약하다.

바이올렛을 크게 기르기 위한 용토로는 보통 질석 8 : 피트모스

2의 비율로 하나 아파트**와 같이** 건조한 경우는 질석5 : 피트모스 5 섞은 토양 4 *l* 에 제오라이트 100cc, 굴껍질 가루 100cc, 용성인비 3작은술, 마그암프K 2작은술을 섞어서 분갈이를 하면 6개월 뒤부터는 놀랄 만큼 잘 자란다. 화분 갈이 1개월 뒤부터 제오라이트 3 : 용성인비 1을 섞은 비료를 화분 가장자리에 작은술 1개씩 준다. 여름에 습도가 높을 때는 화분 밑에 퍼라이트를 많이 깔고 겨울에는 조금 깔아서 습도 조절을 한다.

식물 자체를 튼튼히 하려면 질소질 비료가 많이 포함된 비료를 주고 꽃 피는 시기에는 꽃 피기 2개월 전부터 인산 비료가 많이 들어 있는 것을 희석 농도보다 엷게 자주 주는 것이 바람직하다.

화분

대개 3치, 4치 분을 쓰는데 식물에 비해 조금 작은 편이 가장 적합하다. 사기 화분, 토화분, 플라스틱 화분을 쓰는데 플라스틱 화분일 경우 너무 얇지 않게 하며 흰 화분일 경우 화분 안 벽에 은박지를 씌워 뿌리가 안으로 웅크러드는 것을 방지하도록 한다.

병충해

다른 식물에 비해 병충해는 까다롭다. 연부병(잎, 줄기가 썩는 병)에는 다이센 1000배, 절단부 소독은 락스 계통이나 하이 후레쉬로 한다. 응애가 있으면 켈센, 솜털벌레나 깍지벌레는 디메토이드나 스프라사이드 1000배액, 진딧물, 날파리는 DDVP 1000배액을 뿌려 준다. 약제 사용이 어려우면 가끔 모기향을 피워 둔다.

번식

한 그루에 많은 포기가 있으면 트레일 종류를 빼고 가위나 칼로 분리시켜 포기 나누기를 하여 분에 심는다.

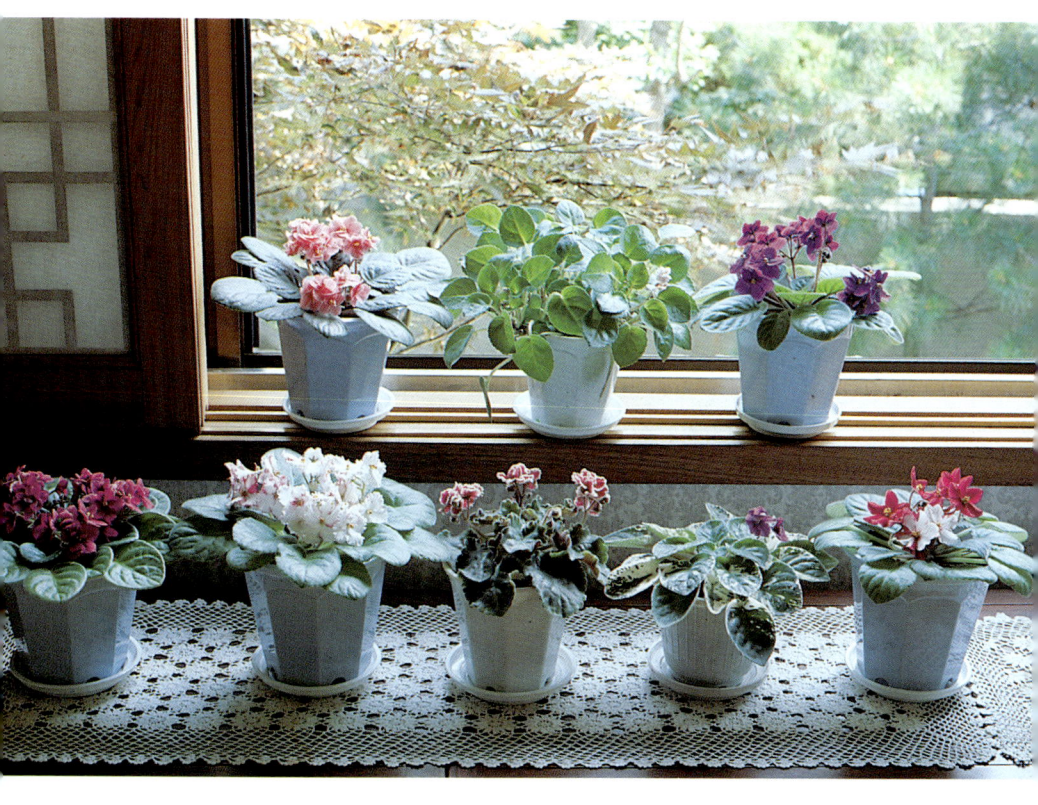

바이올렛 연중 계속 꽃을 볼 수 있는 바이올렛은 그 종류가 다양하여 창가나 문갑 위에 일렬로 늘어놓아도 보기 좋다.

잎으로 번식시킬 때는 중간의 건강한 잎으로 잎자루가 2센티미터 정도 붙게 잘라서 물에 담가 두든지 모래나 질석에 꽂아 둔다. 3개월 정도 되면 싹이 나오는데 이것을 작은 화분에 옮겨 심어 놓으면 빠른 것은 6개월 뒤에 꽃을 볼 수 있다.

드라이 플라워

드라이 플라워(Dried Flower)란 마른 꽃이나 인위적으로 말린 꽃을 디자인하여 여러 곳에 장식하는 방법으로 미국의 서부 개척 시대의 추수 감사절 행사에 실내 장식용으로 풀이나 나무 껍질 등을 사용함으로써 연유되었다고 본다. 생화와는 달리 향기는 없으나 색상의 다양함, 오랜 시간 보존 가능, 색다른 미적 가치를 창조하고 특히 겨울에 실내 장식품이나 각종 행사 때 많이 이용되고 있다. 요즘은 드라이 플라워의 종류가 다양하게 시장에 나와 있으므로 손쉽게 구입하여 집안을 분위기 있게 장식할 수 있다.

드라이 플라워에 사용되는 꽃으로는 종이꽃, 천일홍, 스타티스, 도라지, 팬지, 장미, 철쭉, 양귀비, 프리이지어, 억새, 버들, 꽈리 등인데 빨강색은 변색이 쉽고 오렌지 계통의 색상이 오래 보존된다.

말리는 방법
자연 건조법과 인공 건조법이 있다. 일반적으로 가정에서 말리는 법으로는 자연 건조법을 택한다.

가장 손쉬운 방법으로 자연 상태의 공기 유통을 이용하여 수분을 탈취시켜 건조시키는 방법으로 건조에 필요한 날은 보통 2일에서 10일 정도 걸린다. 꽃을 다발지어 높은 곳에 거꾸로 매다는 방법과 꽃의 머리만 따서 철사에 꿰어 말리는 방법 등이 있다.

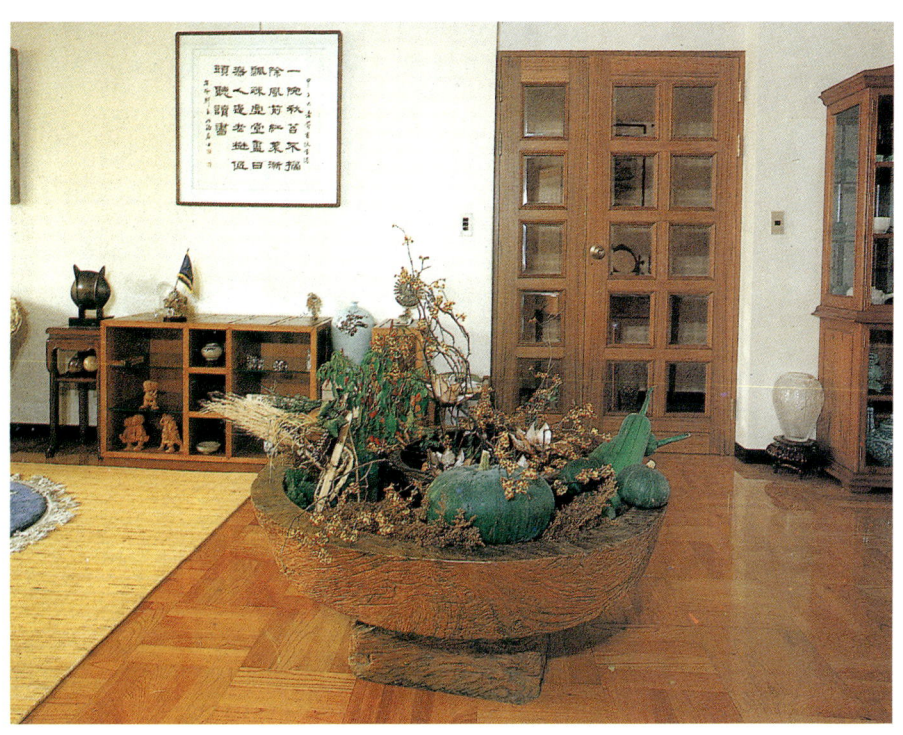

드라이 플라워 큰 연자방아에 호박, 수세미, 해바라기, 까치밥, 수수 등 가을의 풍성함을 듬뿍 담아 거실에서 만추를 즐길 수 있게 꾸몄다.

프레스 플라워

드라이 플라워의 응용으로 볼록한 입체적인 꽃을 꽃의 색은 유지시키면서 압력을 가해 말려 납작한 평면적인 꽃으로 모습을 변화시켜 감상하는 것이 프레스 플라워(Press Flower)의 매력이다.

평면적인 여러 가지 장식 방법으로는 눈에 잘 띄게 액자에 넣는 방법, 탁자 위에 잘 배열하여 유리를 덮은 화려한 탁자 커버용, 투명한 용기에 붙여 장식 용품으로 사용하는 방법, 카드에 사용하는 방법 등이 있다.

재료 선택
초심자는 작은 꽃을 사용하는 것이 좋다. 대부분의 꽃은 프레스 플라워가 되지만 꽃잎이 두터운 안스륨, 스파티필름, 꽃잎이 붙은 자리가 가는 국화는 만들기가 곤란하다.

도구
싸는 종이 형태를 정리한 꽃의 물기를 없애는 데 사용하는 종이로 수분이 충분히 흡수되도록 휴지나 한지를 사용하는 것이 좋다.

받침 종이 종이로 싼 꽃을 끼우기 위한 것으로 오래 된 책이나 신문지가 좋다.

다짐돌 시멘트 블록이나 표지가 견고한(15킬로그램 정도) 책이면 적당하다.

만드는 방법
작은 초화류말고는 꽃대와 잎을 분리해서 만든다.

1. 물기를 닦아 낸다.
2. 꽃과 꽃대를 분리해서 자를 때 꽃받침이 두꺼우면 꽃잎이 떨어

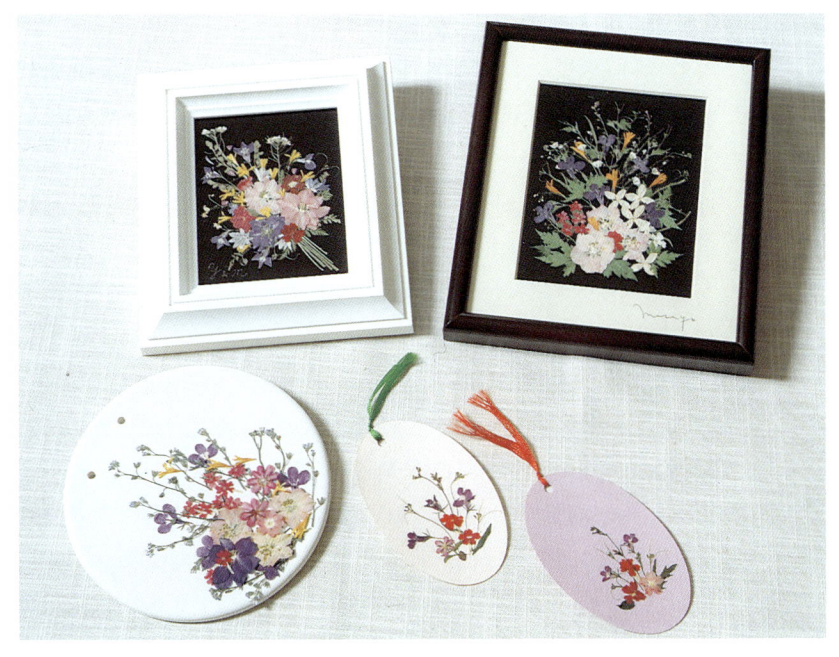

프레스 플라워 입체적인 꽃을 평면적인 꽃으로 변화시켜 감상하는 것이 프레스 플라워의 매력이다. 평면적인 여러 가지 장식 방법 가운데 프레스 플라워로 만든 액자와 책갈피, 컵받침이다.

지지 않을 정도로 얇게 자른다.

　3. 암술, 수술 부분이 큰 카틀레아, 포피, 카네이션 등은 이 부분을 없앤다.

　4. 꽃대는 반으로 나누어 습기를 휴지로 닦아 낸다. 장미 같은 줄기가 굵은 것은 표피만 벗겨서 사용하기도 한다.

　5. 준비된 재료를 눌러 말리는데 다짐돌을 사용할 때는 자연 건조 때까지 시일이 걸리므로 꽃색이 퇴색되는 어려운 점이 있다. 그러므로 수분이 적은 꽃을 선택하는 것이 요령이다. 휴지에 싼 꽃을 책 사이에 넣고 다짐돌을 올려 놓고 첫날은 3번 정도 휴지를 갈아 건조한 곳에 놓아 두면 1주일 정도 뒤에는 마른다.

　다리미를 사용하여 다릴 경우는 면을 다릴 때의 온도로 한다. 꽃은 색소가 강한 황색 계통의 작은 꽃으로 팬지, 수선, 프리이지어, 장미, 제비꽃 등이 처리한 뒤에도 색이 변하지 않아 좋다. 잎은 수선, 진저 같은 두꺼운 잎을 제외하고는 대부분 선명한 녹색으로 건조된다. 두꺼운 책이나 신문지 위에 휴지를 놓고 꽃을 아래로 향해 놓은 뒤 휴지로 덮는다(꽃의 넓이는 다리미 밑면보다 작아야 한다). 10초 동안 힘껏 누르는데 건조한 상태를 보아 반복한다.

　실리카겔을 이용할 때는 다짐돌로 눌려진 꽃을 실리카겔 사이에 넣어 건조시킨다. 실리카겔은 드라이 플라워에 사용하는 크기면 무난하다. 다짐돌로 납작하게 된 꽃을 종이로 싸서 실리카겔 위에 놓고 그 위를 다시 실리카겔로 덮고 밀폐시킨다. 포피는 3일, 장미는 5일이면 된다. 아프리칸 바이올렛과 같이 잎이 두꺼운 경우는 15초 동안 끓는 물에 데쳤다가 얼음물에 담가 꺼내서 물기를 휴지로 닦고 실리카겔을 사용하면 색도 선명하게 유지된다.

포푸리

포푸리(Pot-pourri)란 포트(Pot)나 병 속에 가꾼 향기란 뜻이다. 이것은 꽃이 죽으면 향기를 즐기지 못하므로 포푸리로 만들어 그 향기를 오래 간직하기 위해서이다. 말린 꽃을 주재료로 하여 여기에 향기나는 식물, 향료, 잎, 과일의 껍질 등을 부재료로 하여 혼합하고 향기가 오래 유지되도록 백단유(白檀油)나 수지, 꽃기름 등을 조금 넣어 이것을 용기 속에 넣어 두면 시간이 갈수록 향기가 숙성하여 실내에 퍼진다. 보통 때는 뚜껑을 열어 가볍게 흔들어 풍겨 나오는 향기를 즐기는 것이다. 생화가 점차 향기를 내면서 말라가는 것을 바라보는 즐거움과 하나하나 그 향기를 발견해 나가는 과정이 포푸리를 만드는 매력이라 할 수 있다.

영국의 오래 된 책 가운데에는 포푸리에 대한 것이 실려 있다. 그 당시는 실내에 향기를 내게 하는 것이 주부의 의무 가운데 하나였으며 신부 수업의 하나였다. 재료 전부를 말리는 것을 드라이(dry) 포푸리, 덜 말린 꽃잎에 소금을 넣어 만든 것을 모이스트(moist) 포푸리라 하는데 주로 드라이 포푸리가 많다.

포푸리의 역사는 고대 이집트까지 거슬러 올라간다. 「향료의 기술」이라는 책을 지은 Piesse는 "이집트의 묘에서 출토된 수지를 혼합해 넣은 항아리는 오늘날의 포푸리와 같이 방을 향기가 나게 하기 위하여 이용한 것과 다르지 않다"라고 서술하고 있다. 그리스인들은 연회 탁자에 달콤한 향기를 내는 꽃과 잎을 넣은 베주머니를 놓았고, 로마인들은 상미와 샤프란을 방식에 넣기도 하고 향기가 좋은 풀을 매트리스에 넣기도 했다. 그 뒤 영국 엘리자베스 1세 때에는 포푸리가 'Rose-ball' 'Sweet-jar'의 이름으로 유행했다고 전해지며 지금 사용되는 포푸리 만드는 법 기본은 그리스, 로마, 영국으로부터 전승된 것이다.

재료

다양하고 많은 꽃들이 모두 포푸리에 이용될 수 있다. 장미는 많은 사람들의 사랑을 받아 왔다. 또한 말라도 향기를 거의 잃지 않고 말리는 방법에 따라 색도 깨끗하게 보존되기 때문에 포푸리의 주재료로 사용되었다. 장미 다음으로 많이 사용되는 것이 라벤다이다. 라벤다는 청량한 향기를 갖고 있으므로 의복에 향기를 풍기게 하거나 두통을 치료하기 위해 사용하던 시대도 있었다 한다. 이 꽃은 말려도 향기는 있지만 꽃이 작고 쌀알같이 되어 볼품이 없어지므로 베주머니에 넣어 쓰는 경우가 많다.

종류와 이용법

포만다 작고 둥근 용기에 넣은 향료를 말하는 것으로 중세의 구라파에서는 병이나 다른 어떤 것으로 인해 나쁜 냄새가 나는 몸을 지키기 위해서 목이나 허리에 달든지 손에 쥐고 다녔다. 유럽에서 크리스마스 선물로 사용하는 오렌지 포만다는 이것을 응용한 것으로 오렌지 열매의 전면에 향료의 가루를 뿌려서 말려 여기에 깨끗한 끈이나 리본을 달아서 문이나 벽에 걸어 실내에 향기를 내게 하는 방법이다. 사과나 레몬도 사용할 수 있다.

세세(Sachet) 베주머니에 포푸리 재료를 넣은 것으로 동양에서는 현종 황제가 양귀비에게 준 향대(향기 주머니)를 보더라도 예부터 세세와 비슷한 전통이 있었던 것으로 짐작된다.

세세에 사용되는 베는 명주같이 아주 얇고 촘촘하여 구멍이 없는 것을 사용하는 것이 속의 가루가 나오지 않아 좋다. 용기에 넣는 포푸리와 달리 향기가 빨리 달아나므로 향료나 보류제를 넣고 재료는 잘게 해서 넣는다. 때때로 가볍게 흔들면 새로운 향기가 풍겨 나온다. 세세의 아주 작은 것은 몸에 지니고 다니거나 가방 속에 넣어 다닐 수도 있고 옷장 속에 달아 놓아 옷에 향기가 스며들도록 할 수도 있다. 얇게 만들어 편지 속에 동봉할 수도 있다. 가로 10, 세로 20센티미터 정도로 만들어 베개 밑이나 옆에 둘 수도 있다.

서양에서는 첫아이에게 장미꽃 베개를 주면 행복해진다는 전설도 있다. 우리나라에서는 국화꽃을 말려 국화꽃 베개를 만들기도 한다. 또 베주머니를 그대로 욕조에 넣어 하는 포푸리 목욕은 미용에도 효과적이다. 건조한 라벤다 한 주먹을 주머니에 넣어 미지근한 물에 담가 두었다가 욕탕에서 나올 때 주머니로 온몸을 두드리는 것이 요령이다.

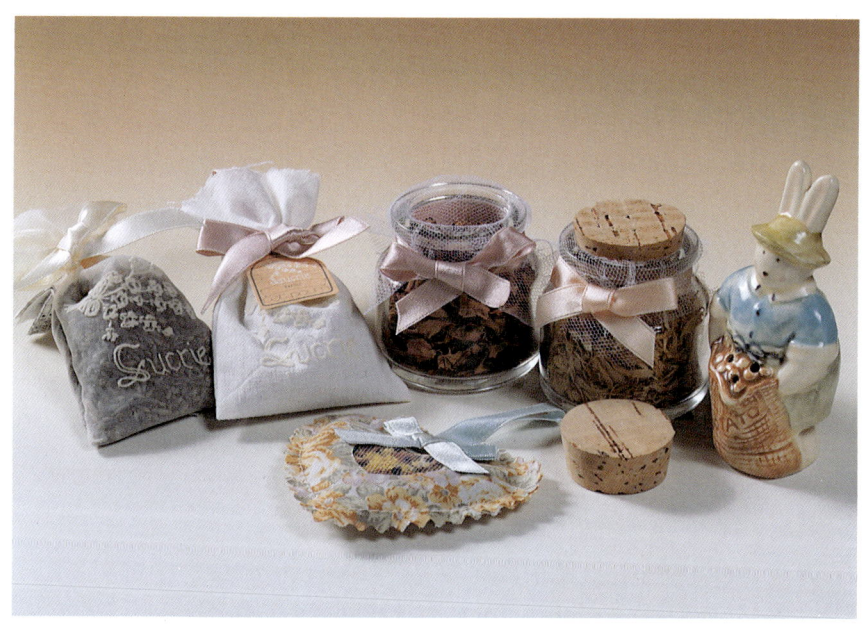

포푸리 꽃의 향기를 계속 즐길 수 있도록 만든 것으로 병에 만든 포푸리와 베주머니에 만든 세세 등이 있다.

꽃꽂이

꽃꽂이는 보통 실내에서 실시하며 꽃의 자연 풍경을 실내의 좁은 공간에서 미적으로 축소 디자인한 것이다. 뿌리 있는 다른 실내 식물을 장식할 때와는 달리 꽃꽂이는 어떤 환경에서도 사람이 원하는 장소에 장식할 수 있다.

꽃꽂이는 개인, 지방, 나라에 따라 그 형과 사용하는 식물의 종류도 달라지는데 크게 동양식과 서양식 꽃꽂이로 나눌 수 있다.

동양식 꽃꽂이

동양식 꽃꽂이(flower arrangement)는 미적 표현 요소인 선을 나타내는 방식으로 선을 다양화시킴으로써 미를 느끼게 한다. 직선은 강직하고 힘이 있어 보이며 곡선은 유연하고 섬세한 느낌을 준다. 대개 천지인(天地人)의 3골격을 주지로 하여 꽂고 나머지 공간은 부주지로 처리한다. 서양식 꽃꽂이보다는 화려하지 않으나 많은 기교를 나타내어 내면적인 미를 창조한다.

서양식 꽃꽂이

동양식 꽃꽂이처럼 일정한 골격이 없이 몇 가지 형에 따라 꽃을 모아서 꽂는 방식으로 주로 사방화가 대부분이다. 균형, 율동, 강조, 조화 등의 미적 표현 요소를 감안하여 꽃을 꽂으므로 보통 꽃디자인으로 널리 알려져 있다. 서양식 꽃꽂이(flower design)에서는 대개 종류와 모양이 다양하고 빛깔이 화려한 서양꽃을 많이 이용한다. 이것은 동양식 꽃꽂이에 비해 외면적이라 할 수 있다.

이상은 절화를 이용한 꽃꽂이의 형식을 서술한 것이다. 또한 절화를 탈피하여 초화를 이용한 꽃꽂이를 할 수도 있다.

수반이나 용기에 여러 종류의 초화를 어우러지게 선을 살려

디자인한 다음 화분 주의를 통나무나 수태(이끼)로써 커버하여
초화 꽃꽂이를 하면 일반 절화 꽃꽂이보다 장시간 꽃꽂이를 감상할
수 있다.

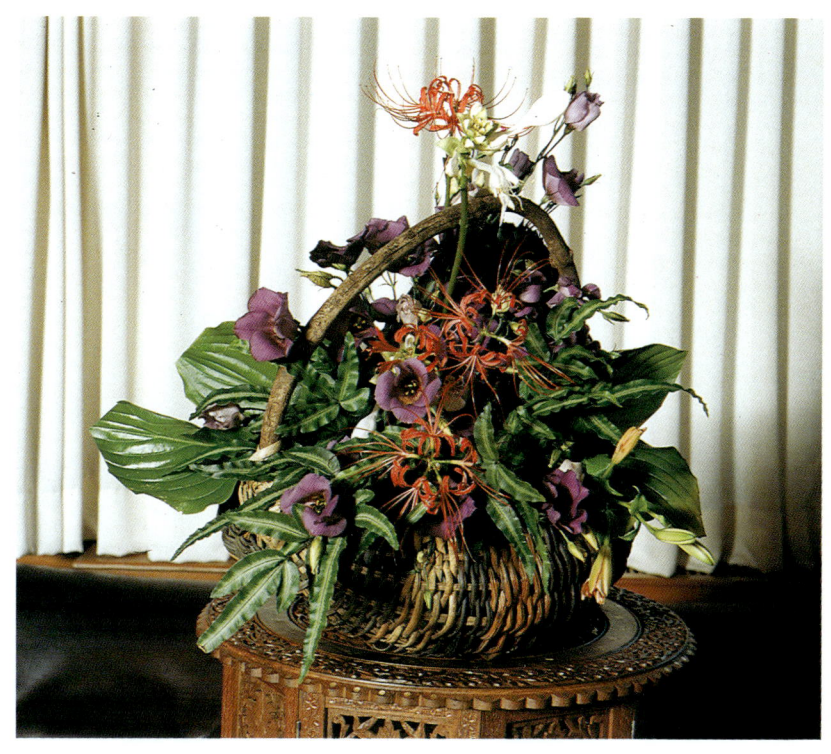

꽃꽂이 등바구니에 비닐을 깔고 테리스는 화분째 놓고 옥잠화, 동설란, 도라지꽃 등은
절화로서 오아시스에 꽂아 장식하면 선물용으로 좋다.

분재

　분재(盆栽)란 단순한 식물 자체의 아름다움인 잎이나 꽃, 열매를 감상하는 것과는 달리 분 위에 있는 초목을 봄으로써 자연의 풍경을 연상시킬 수 있는 것이다. 곧 천지 자연을 조그마한 화분 위에 표현하는 반영구적인 살아 있는 자연 예술이라 할 수 있다. 분재는 소재가 대체적으로 목본을 이용하고 있는데 관엽을 이용한 관엽 분재와 초화를 이용한 초본 분재도 있다.

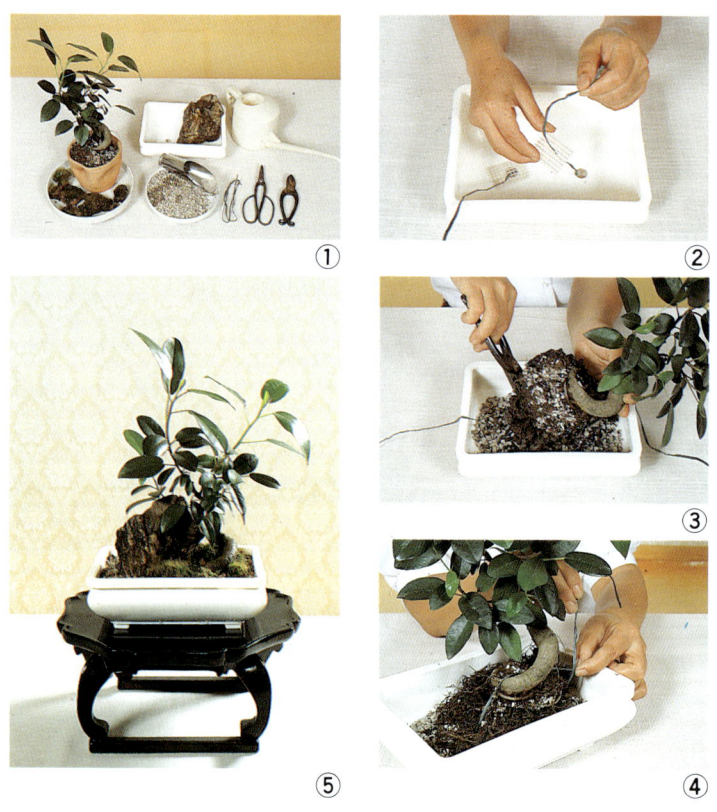

①

②

③

⑤

④

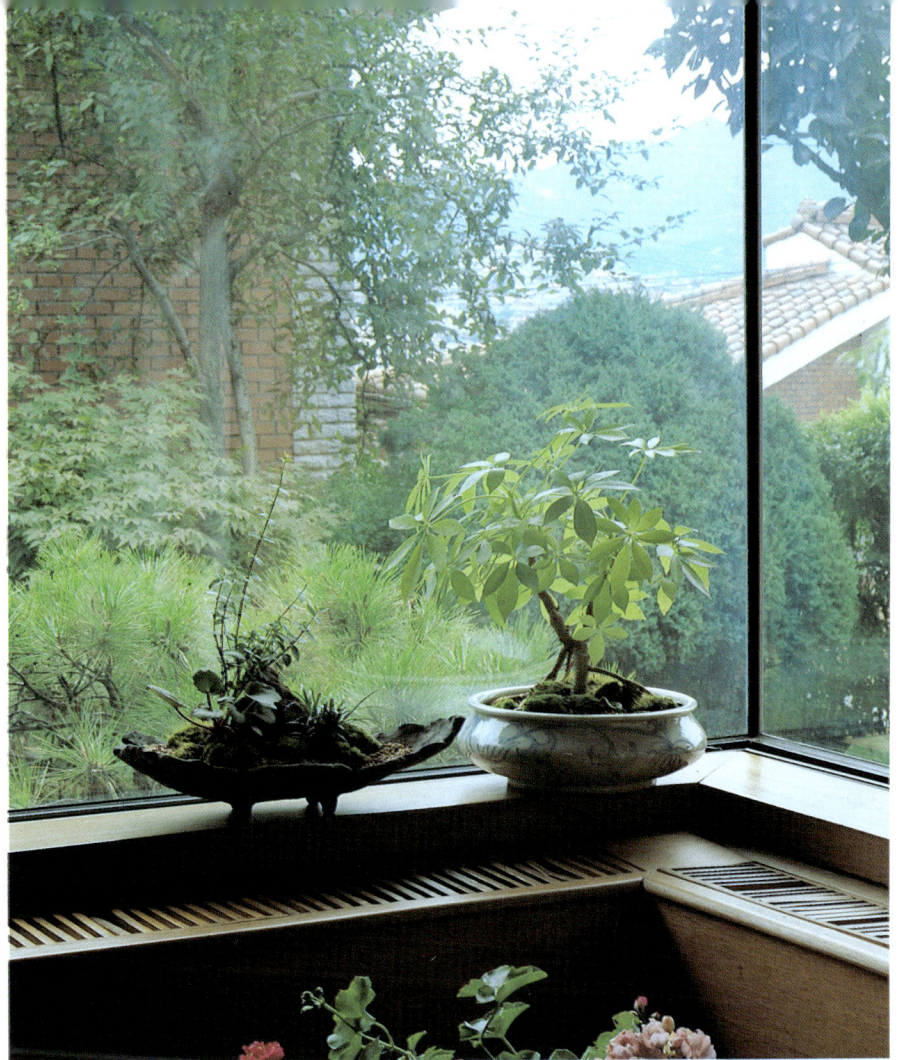

관엽 분재 관엽 식물로 만든 분재는 그늘에서도 잘 견디는 좋은 점이 있다.

관엽 식물 분재 만들기(옆면)
1. 인삼 고무나무, 왕사, 철사, 망, 돌, 분재분, 물뿌리개 등을 준비한다.
2. 배수구에 망을 깔고 철사로 고정시킨다.
3. 왕사를 깔고 식물을 분에서 꺼내어 뿌리를 적당히 자른다.
4. 배수구에 연결된 철사로 식물을 움직이지 않도록 매어 준다.
5. 돌을 놓고 장식돌을 깔고 물을 충분히 준다.

난

난(蘭)은 단자엽 식물 가운데 난과에 속하는 다년생 초본 식물로 열대에서 한대에 걸쳐 널리 분포하고 있다. 종류는 약 7만여 종에 이르며 그 가운데 반 정도가 야생이다. 그리고 대부분이 열대 지방 및 아열대 지방에 자생하고 있다.

난의 특성

난은 3개의 꽃받침과 3개의 꽃잎으로 구성되어 있으며 꽃잎 가운데 옆의 2개의 꽃잎은 같은 모양이나 다른 한 꽃잎은 입술 모양처럼 되어 있다.

양란은 검정색을 제외한 모든 꽃색을 가지며 폭이 0.2센티미터에서 25센티미터까지 다양하며 키가 1센티미터에서 6미터까지 있다. 향기는 약간 있으나 거의 없다.

동양란의 꽃색은 주로 흰색, 자주색, 연두색 등이며 크기는 양란보다 훨씬 작아 폭이 0.6센티미터 내지 5센티미터 정도이다. 은은한 향기를 가지고 있다.

동양란(東洋蘭)

재배 조건은 자생지 상태를 그대로 유지시켜 주는 것이 가장 바람직하다. 광선은 여름에는 반그늘이 좋고 겨울에도 약한 광이 있어야 꽃눈의 분화가 빨라진다.

온도는 여름에는 시원하고 겨울에는 약간 따뜻한 곳에 두어 온도의 급변화를 피해야 한다. 12월에서 1월 사이에는 약 40일 정도 3도 이하로 유지시켜 저온 처리가 되어야만 꽃눈이 형성되어 꽃이 핀다. 12월 내지 1월 초에는 최저 5도, 1월 중순에서 2월 말에는 최저 10도, 3월에는 15도, 4월부터는 최저 10도를 유지시킨다. 한국

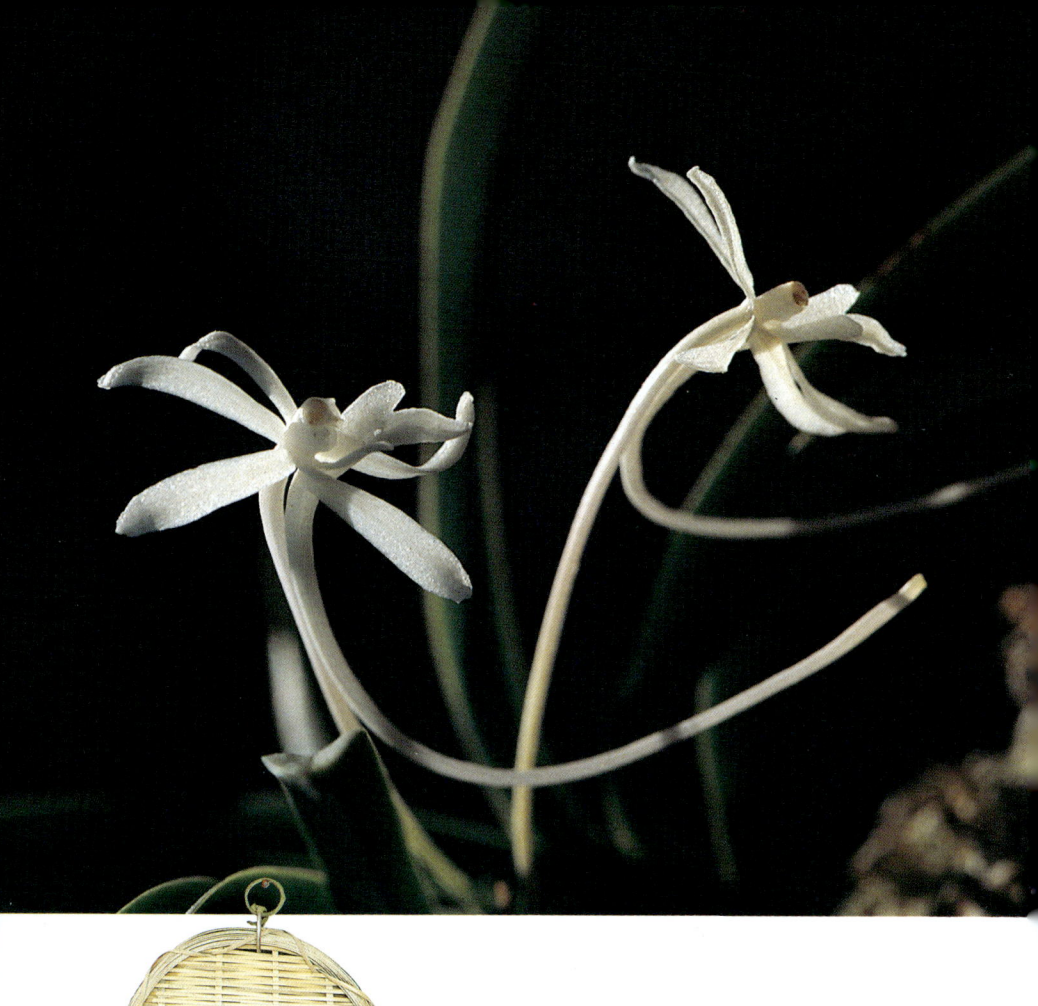

소엽풍란 자생지 상태를 그대로 유지시켜
주는 것이 가장 좋은 재배 조건인 동양란
의 일종으로 향기가 아주 좋다. 위는 흰색
의 꽃이고 왼쪽은 잎이다.

란은 꽃이 필 때까지 0도 내지 15도로 유지시키면 꽃색이 좋아지므로 10월부터 11월까지 저온에서 재배하는 것이 좋다. 습도는 약간 높은 것이 좋으나 통풍이 잘 되는 곳이라야 한다.

용토는 난석, 하이드로 볼, 하이드로 콘, 경석, 스티로폴(공기 유통이 잘 되고 가볍기 때문에 자갈 크기로 잘라서 사용)에 마사를 섞은 것 등을 사용하며 PH 5, 6인 약산성 용토가 적당하다.

용토에 물이끼를 섞어서 쓰는 경우에는 1년 뒤부터 물이끼가 부패하여 산성화하기 때문에 2년이 지나기 전에 옮겨 심어 주어야 한다.

양란

양란(洋蘭)은 동양란보다 호광성이고 약간 높은 습도(60 내지 80퍼센트)를 요구한다. 여름에는 직사광선을 피하는 차광 시설을 해주고 추위에 약하므로 겨울 동안에는 온실이나 빛이 잘 드는 실내에 두어 최저 10도를 유지하고 25도 정도면 겨울에도 생장한다.

양란은 새싹이나 새 뿌리가 한꺼번에 돋아나 꽃눈이 틀 때까지 생육기이고 다음 새싹이 나올 때까지 생장 휴식기로서 대부분 이 시기에 꽃을 피운다. 양란은 이러한 생육 리듬을 반복하고 있으므로 생장기에 비료를 주고 물도 많이 주며 햇빛, 온도 등의 환경 조절과 관리를 잘 해주면 매년 꽃을 볼 수 있다. 꽃이 피기 시작하면 어두운 곳으로 옮기고 비료는 주지 않는다. 꽃색을 조절하는 색소는 안토시안과 크리산테만에 의하는데 안토시안 색소는 10 내지 15도에서 생성되고 개화 직전 1주일 전의 좋은 광선이 꽃을 잘 피게 한다.

용토는 물이끼, 나무 껍질, 헤고, 경석 등을 사용하여 통풍이 잘 되게 심는다. 양란의 비료는 생장기와 휴식기가 있으므로 시비도 시기에 준한다. 깻묵과 골분액을 엷게 희석해서 주거나 화학 비료를 한 달에 한두 번 생장 기간 중에 준다.

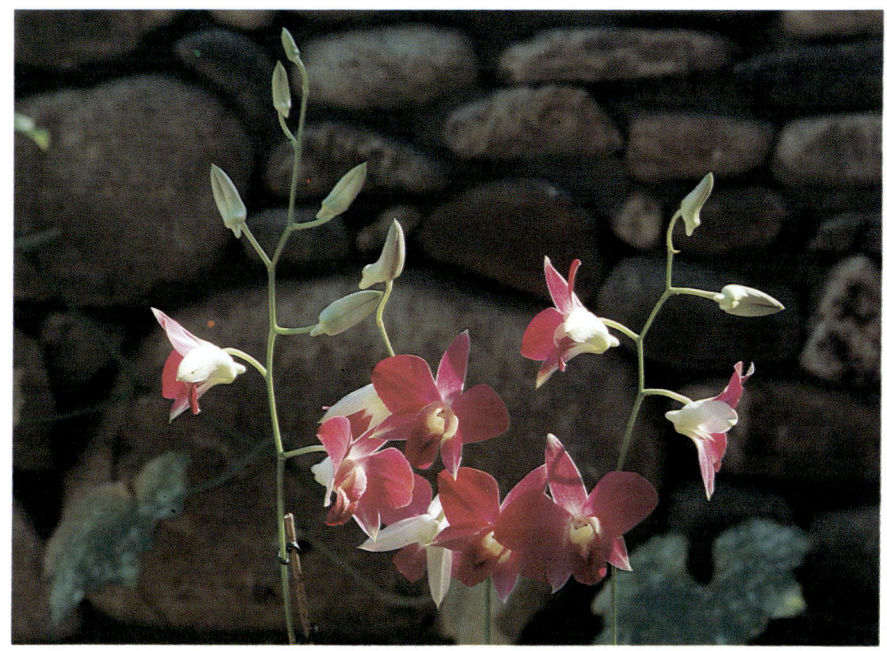

덴파레 양란의 일종으로 60 내지 80퍼센트의 습도가 있어야 잘 자란다.

　난의 번식은 가정에서 가장 손쉬운 방법으로 포기 나누기가 있다. 포기 나누기는 난에서 가장 많이 행하여지는 번식법으로 카틀레아, 심비디움 등은 잎이 달린 벌브(bulb)가 6, 7본으로 되면 큰 포기를 둘로 갈라 심는 방법으로 특히 많은 포기를 증식하려면 2분씩 가른나.

　시프리페디움 벌브가 없으므로 포기 나누기가 쉽다. 한 주당 3눈 정도 붙여서 기른다. 덴드로비움은 한 개의 벌브에서 1, 2본의 눈이 생기므로 다른 종류보다 큰 포기로 되고 포기 나누기도 쉽다. 따라서 특수한 종류를 제외하고 보통은 3, 4벌브를 붙여서 날카로운 칼로 갈라 나눈다.

채소 가꾸기

주택의 자그마한 땅이나 아파트 베란다를 이용하여 신선한 채소를 가꿀 수 있다. 채소는 햇볕이 많고 통풍이 잘 되는 장소가 좋으므로 아파트 베란다를 활용하기에 좋다. 프랜트 박스를 이용하여 실내의 푸르름과 아울러 열매 등으로 훌륭한 장식 효과를 내기 때문에 온가족이 관심을 가지고 가꾸기를 할 수 있다.

종류에는 상추, 파아슬리, 부추, 쑥갓, 들깨, 토마토, 고추, 오이, 가지, 호박, 수세미 등이 가능하다.

토양은 보수력이 있고 배수가 잘 되는 것이 중요하고 비료는 주택의 경우 깻묵이나 골분, 고형 비료를 주고 아파트의 경우는 화학비료(하이포넥스, 비왕, 캄프살, 북살)를 주고 마당에서 기를 때보다는 비료에 신경을 써야 한다.

상추

1년 내내 가꿀 수 있다. 3월에 뿌리면 50, 60일에 수확할 수 있으며 8월에 뿌리면 초가을에 수확할 수 있다. 더위에 약하므로 관수를 충분히 하여 서늘하게 해준다. 상추류는 산성 토양에서는 잘 자라지 않으므로 석회를 조금 넣어서 중화시킨 흙에 파종하는 것이 좋다.

파아슬리

비타민 C가 풍부하므로 생식해도 좋고, 스프나 육류 요리, 회 등에 향신료로 쓴다. 재배는 쉬우며 한 번 심으면 1년 내내 이용할 수 있다. 건조를 싫어하므로 관수에 힘쓰고 고온 다습할 때 통풍이 잘 되지 않으면 부패병에 걸리게 되므로 주의해야 한다. 웃거름은 1개월에 2번 정도 주며 화분에 심었을 때는 10일 간격으로 준다. 얼지 않게 관리하면 겨울에도 재배할 수 있다.

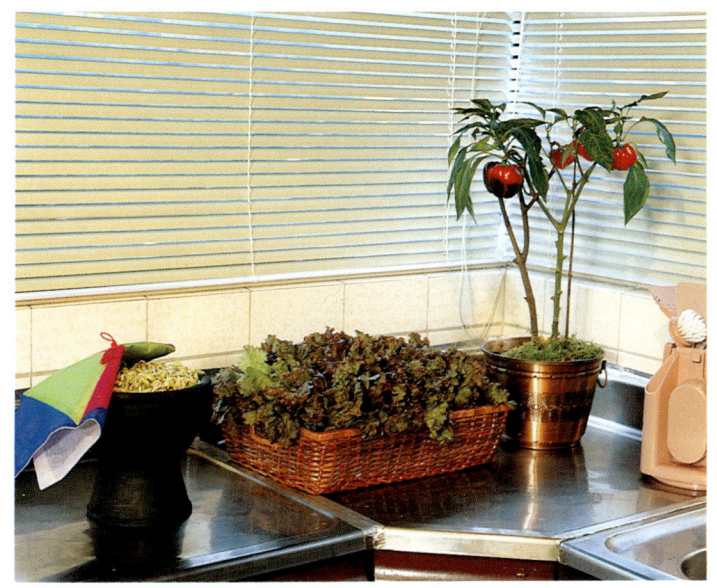

채소 가꾸기   햇볕이 많고 통풍이 잘 되는 장소에서 채소 기르기를 하면 정서적으로도 도움을 준다.

가지

　가지는 모종을 구입해서 심는 것이 안전하다. 가지는 뿌리가 넓고 깊게 퍼지는 성질이 있으므로 약간 큰 분에 심는 것이 효과적이다. 이때 약간 다비성의 배양토를 준비하는 것이 생육에 좋다. 모종은 깊지 않게 심어야 한다. 넘어지지 않을 정도로 얕게 지주를 세워 움직이지 않게 해준다. 심은 뒤 충분히 관수한다. 가지 재배의 요령 은 가지치기이다. 좋은 열매를 많이 열리게 하려면 불필요한 곁가지를 없애 준다. 기온이 높아지면 열매가 달리므로 건조기에는 뿌리 쪽에 물을 주어서 서늘하게 해주어 건조를 방지한다.

고추

고추는 모종을 구입해서 심는 것이 좋고, 30센티미터의 화분에 심으면 된다. 배양토는 나뭇재를 섞어서 만들면 생육을 좋게 할 뿐 아니라 매운 맛을 증가시킨다. 반대로 요소같이 질소가 많으면 잎만 무성하고 고추가 적게 달리게 되므로 웃거름에도 주의한다. 연작을 싫어하므로 올해 심었던 화분은 다음해에 사용하지 않는다.

관엽 식물의 번식

엽삽(葉揷) 잎을 잘라서 심는 것을 말한다.

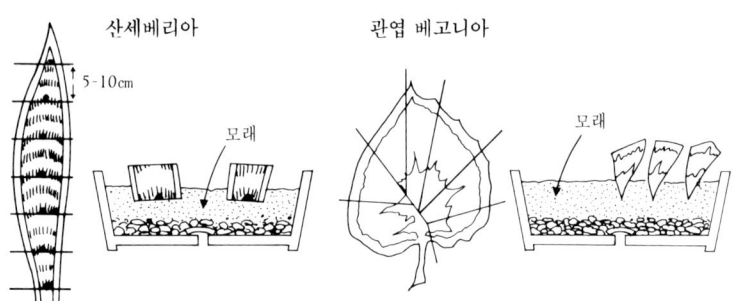

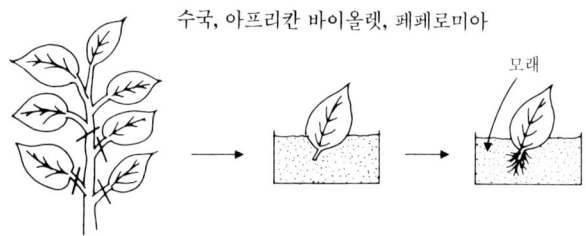

분주(分株) 포기를 나누어서 심는 방법이다.

아나나스

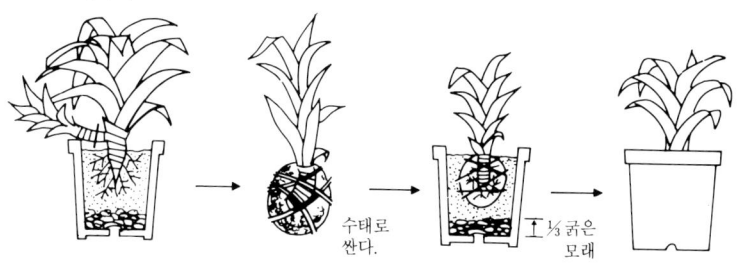

수태로
싼다.

↥ ⅓ 굵은
모래

아프리칸 바이올렛, 페페로미아

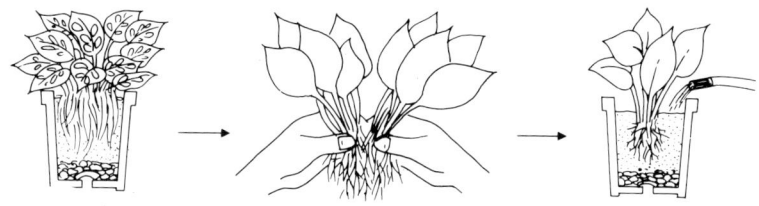

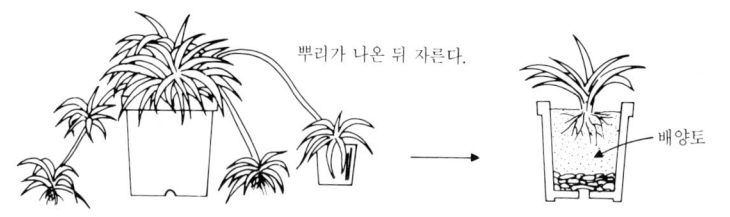

뿌리가 나온 뒤 자른다.

배양토

근삽(根揷) 뿌리를 꺾어서 심는 방법이다.

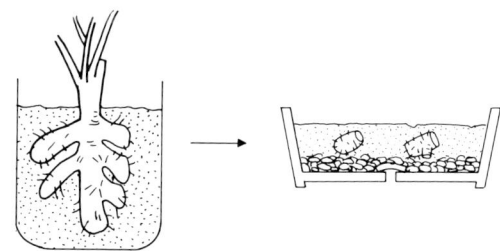

취목(取木)　나무의 가지를 휘어서 가운데 부분을 땅 속에 묻은 다음 그 부분에서 뿌리가 내리면 본디의 가지를 잘라 새 그루를 만드는 인공 번식법이다. 장마철에 실시하며 가지가 굵은 것과 가는 것의 두 종류 취목이 있다.

가지가 굵은 것(고무나무류)

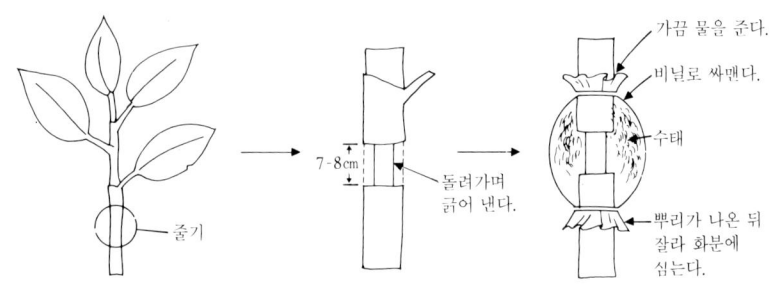

가지가 가는 것(드라세나류, 코르딜리네류)

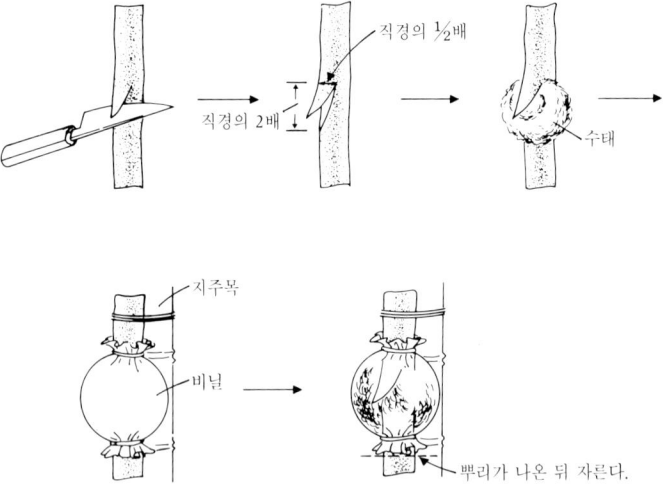

줄기삽 줄기를 꺾어서 심는 번식법이다.

필로덴드론

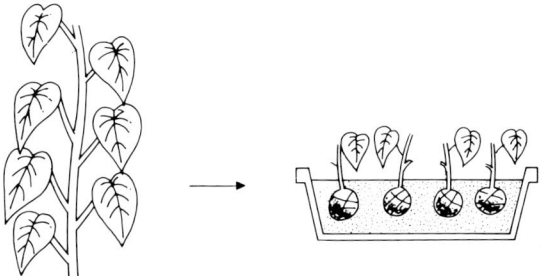

드라세나류, 코르딜리네류

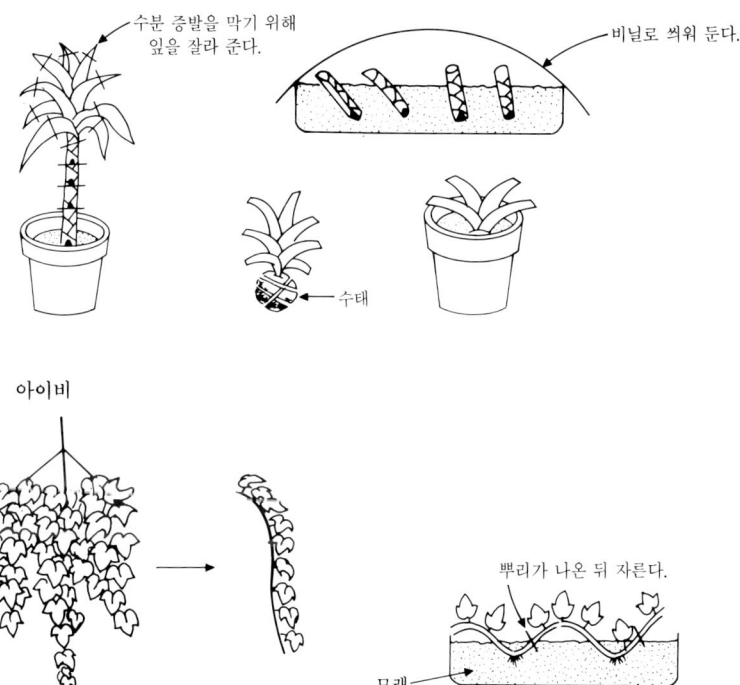

수분 증발을 막기 위해 잎을 잘라 준다.

비닐로 씌워 둔다.

← 수태

아이비

뿌리가 나온 뒤 자른다.

모래

실내 식물의 관리 방법

    실내 식물에는 대부분 관엽 식물을 사용하는데 이것은 많은 종류가 있어 실내에 장식한다. 구하기 쉽고 손질도 쉬운 종류를 선택하여 여기에 소개한다.

관엽 베고니아(Rex Begonia)

    베고니아는 추해당과에 속한다. 수많은 베고니아 가운데 특히 잎 모양과 빛깔, 얼룩 무늬의 아름다움을 관상하는 것을 관엽 베고니아라고 하며 많은 종류가 있다. 두툼하고 커다란 잎이 특징적인 렉스(rex) 베고니아가 대표종인데 잎을 꽂아서 번식시킬 수 있다. 그 밖에 얼룩 무늬가 있는 것과 잎이 작은 것도 인기가 있다.

기르는 법
    직사광선을 싫어하는 반음지의 식물이지만, 실내에서는 레이스 커튼을 통해 빛이 들어오는 밝은 곳에 두고 이따금 엽수를 주어

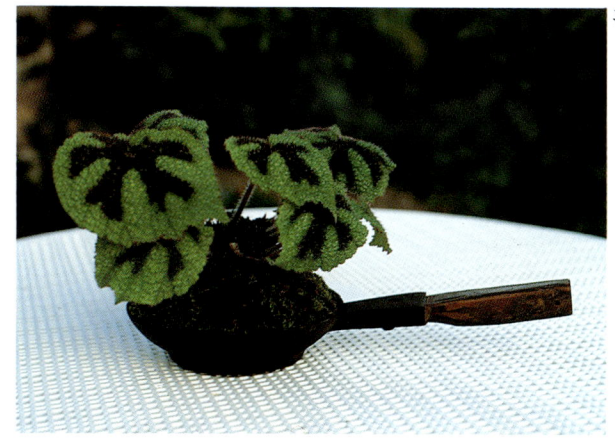

공중 습도를 충분히 유지해 준다. 겨울철에는 물을 적게 주어 월동
시킨다. 차분한 분위기를 풍기므로 현관과 거실에 적합하다.

관음죽(Rhapis)

흔히 대나무 종류로 잘못 알고 있지만 사실은 야자나무 종류이
며, 종려죽과 함께 예부터 실내 식물로서 장식되어 왔다.

기르는 법
배수가 잘 되는 흙에 심어 마르지 않게 조심하며 직사광선이 없는
곳에서 기른다. 5 내지 9월경에는 되도록 집 밖에 내놓고 엽수를
많이 주고 주 1회 액비를 준다. 잎이 상하지 않도록 강한 바람을
쐬지 않게 하는 것이 중요하다. 월동은 3도까지 가능하다. 관음죽의
장점은 한옥이나 양옥에 모두 잘 어울리는 것이다. 특히 큰 화분에
묵직하게 기른 것은 보기에 좋아 현관과 거실 등에 적합하다.

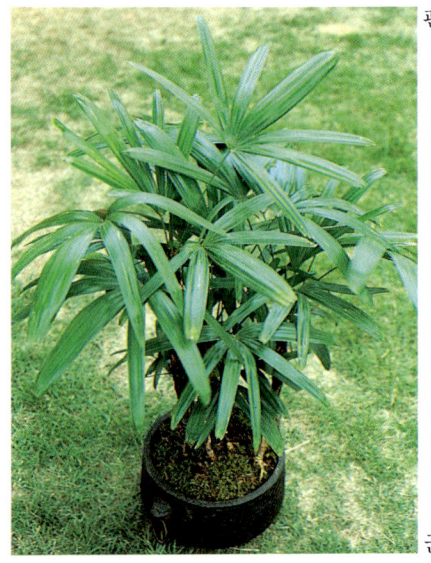

관음죽 큰 화분에 묵직하게 길러 현관과 거실에 장식하면 좋고 한옥이나 양옥에 모두 잘 어울린다.

군자란 투박한 잎과 주홍색 꽃으로 초봄을 대표하는 식물이다.

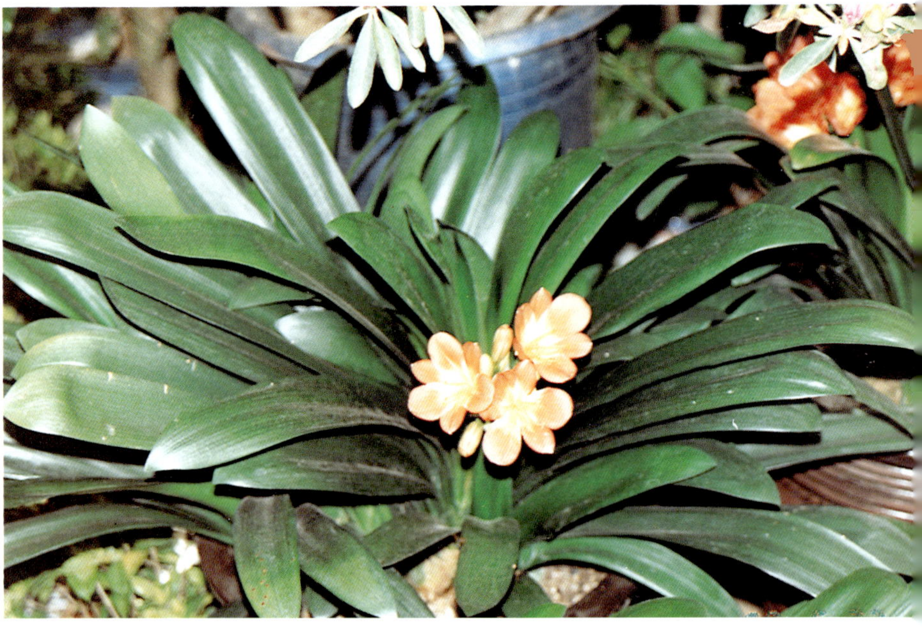

군자란(Clivia)

주홍색 꽃과 투박한 잎으로 초봄을 대표하는 수선과 식물이다. 60센티미터 정도의 잎이 여러 개 나오면서 가운데에서 50센티미터 가량의 꽃대가 나와 끝에 여러 송이의 꽃이 핀다.

기르는 법

1년 이상 완숙된 씨를 3월경에 받자마자 뿌리든지 5월에 뿌려서 번식시키거나 포기 나누기로 번식시킨다. 겨울부터 초봄까지는 약한 빛에 두어야 색깔이 예쁘다. 꽃이 진 뒤에는 신선한 곳에 두면 좋다. 11월 중순까지(서리 내리기 전까지) 집 밖에 두어 관리하면 다음해에 좋은 꽃을 볼 수 있다.

모래를 다른 배양토보다 많이 넣는다. 봄부터 가을까지는 겉흙이 마르면 물을 주지만 겨울에는 흙이 바싹 말랐을 때만 주도록 하고, 비료는 봄부터 가을까지 더운 여름만 빼고 2, 3주에 한 번씩 준다. 꽃이 진 뒤 분갈이한다.

꽃과 잎이 강렬하기 때문에 어디에 장식해도 좋다. 바닥에 두는 것보다는 얕은 화분대 위에 올려 놓는 것이 좋다. 꽃이 진 뒤에는 잎만으로도 관상 가치가 훌륭하다.

드라세나(Dracaena)

드라세나는 천년목이라는 이름이 있듯이 매우 튼튼하고 수명이 긴 식물이다. 종류에 따라 잎 모양은 여러 가지이지만 원산지의 하나인 인도네시아에서는 악령을 막는 나무라 하여 울타리에 쓰이고 있다.

드라세나 튼튼하고 수명이
  긴 식물로 반그늘에 두고
  기른다.

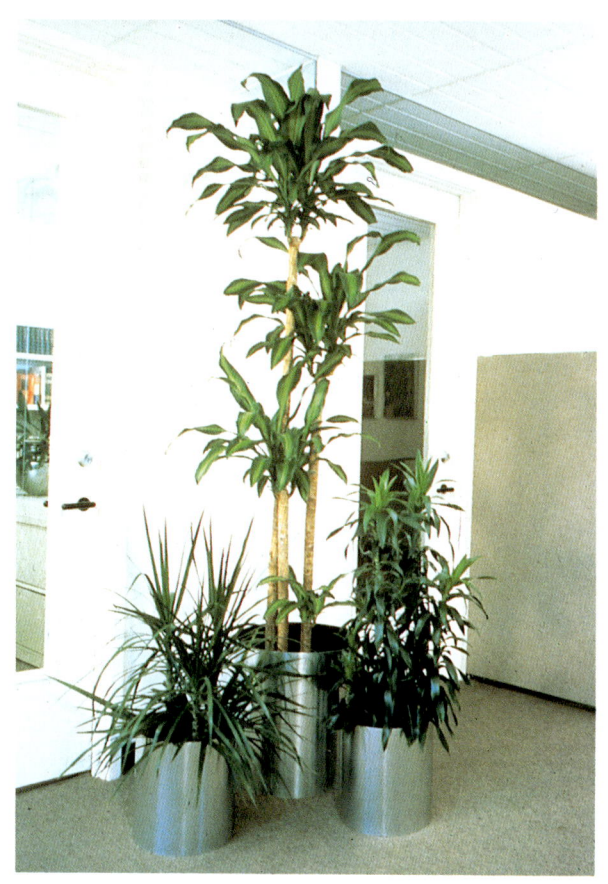

기르는 법

  여름에는 집 밖의 반그늘에 두고 물과 비료를 듬뿍 주어서 기른
다. 특히 엽수를 많이 주면 잎의 색과 광택이 좋아진다. 가을부터
봄까지는 유리를 통해 들어오는 햇볕을 충분히 쬐어서 약간 건조하
게 기른다. 작은 화분에서 큰 화분까지 폭넓게 즐길 수 있다.

네프롤레피스(Nephrolepis)

고사리과에 속하며 뿌리에 지름 약 2센티미터의 알이 생기나 우리가 실내에서 기르고 있는 식물에는 알이 생기지 않는다.

기르는 법

튼튼하므로 1년 내내 실내에서 기를 수 있다. 레이스 커튼을 통해 들어오는 정도의 부드러운 햇살을 쬐어 주고 이따금 엽수를 넉넉하게 주어서 기른다. 1년 내내 계속하여 새잎이 나서 생육을 하기 때문에 하이포넥스 등의 액비를 2주일 간격으로 주어야 하며, 마른 잎을 제거하고 물이 마르지 않게 한다. 항상 신선한 녹색이 실내의 분위기를 밝게 해준다. 잎이 긴 것은 매다는 화분으로 하고 짧은 것은 창가나 탁자 위에 놓아 장식하는 것이 좋다.

네프롤레피스 고사리과에 속하는 식물로 잎이 긴 것은 매다는 화분으로 한다.

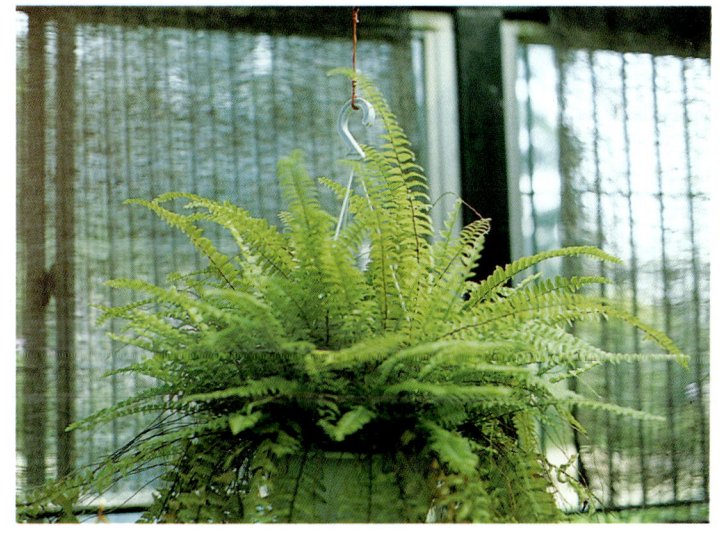

디펜바키아(Dieffenbachia)

천남성과에 속하는 절간이 짧은 줄기에 크림색 반점이 들어 있는 타원형 잎이 조밀하게 붙어나는 여름용 관엽 식물이다.

기르는 법

고온의 한여름에는 잎 진드기가 붙기 쉬우므로 집 밖의 반그늘에 놓고 아침, 저녁으로 엽수를 듬뿍 주고 2주일에 한 번 액비를 준다.

잎의 살이 얇아서 다치기 쉬우므로 직사광선과 강풍을 피하도록 주의하며, 실내에서도 부드러운 광선이 들어오는 밝은 곳에 두도록 한다. 성질은 강건하나 추위에 다소 약하므로 겨울에는 따뜻한 실내에서 보호하고 물을 적게 준다. 잎이 시원스러우므로 큰 것과 작은 것을 군집하여 장식하여 즐기면 좋다.

디펜바키아 잎이 시원스러운 여름용 관엽 식물로 반그늘에 두고 기른다.

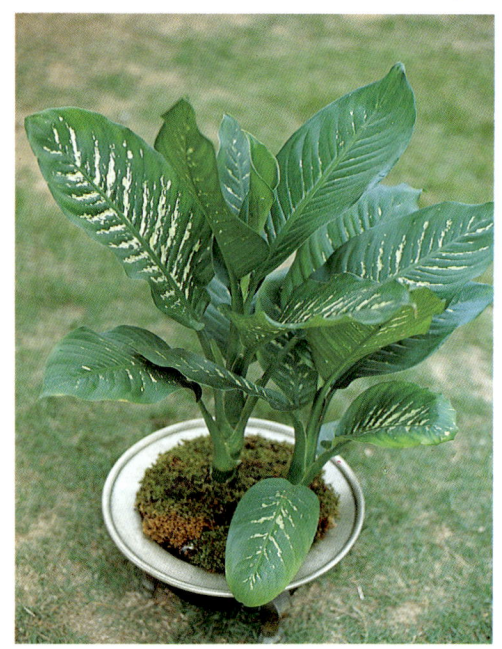

떡깔잎 고무나무(Ficus lyrata)

잎이 떡깔나무처럼 생겨 이런 이름이 붙었다. 생육이 **빠르지는** 않지만 야생적인 모습이 실내 가구와 잘 어울린다.

기르는 법

인도 고무나무보다 추위에 약하다. 외대로 키우다가 어느 정도 자라면 가지를 잘라 순을 내도록 한다. 5, 6월에 삽목이나 취목으로 번식시킨다. 5 내지 10월에는 물을 충분히 주어서 마르지 않게 하며 겨울에는 서서히 물의 양을 줄인다. 생육기에는 2주일에 한 번씩 액비를 준다. 떡깔잎 고무나무는 그리 흔하지는 않지만 떡깔나무에 익숙한 우리에게는 친근감이 가며 독립수보다는 군식으로 장식하는 것이 더 운치있다.

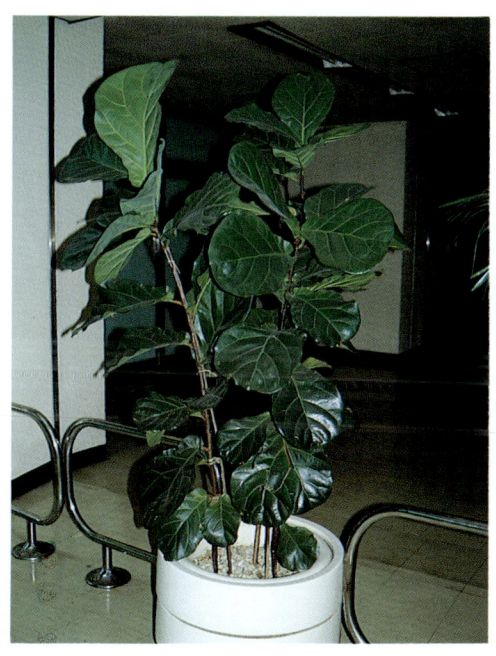

떡깔잎 고무나무 야생적인 모습이 실내의 가구와 잘 어울린다.

몬스테라(Monstera)

천남성과에 속하는 것으로 라틴어의 몬스토룸(괴이)이 어원이며 굵은 만성의 줄기에 깊게 갈라진 큰 잎이 달린다. 흔히 화분에 심는 안다소니도 같은 종류이나 몬스테라 델리시오사는 잎이 좌우 대칭으로 갈라져 있어 정돈된 느낌을 준다.

기르는 법

응달에 강하므로 밝은 방이면 1년 내내 햇볕을 쬐지 않고도 기를 수 있다. 저온과 건조에는 강하므로 손질하기가 쉬우며, 약간 건조하게 하면 5도 정도의 온도로 쉽게 월동할 수 있다. 1년 내내 부드러운 햇볕을 쬐고 이따끔 엽수를 준다. 헤고(덩굴성 식물을 부착시키는 데 쓰는 양치 식물의 일종)판에 기르거나 수경 재배에도 좋다.

몬스테라 잎의 좌우가 대칭으로 갈라져 있어 정돈된 느낌을 준다.

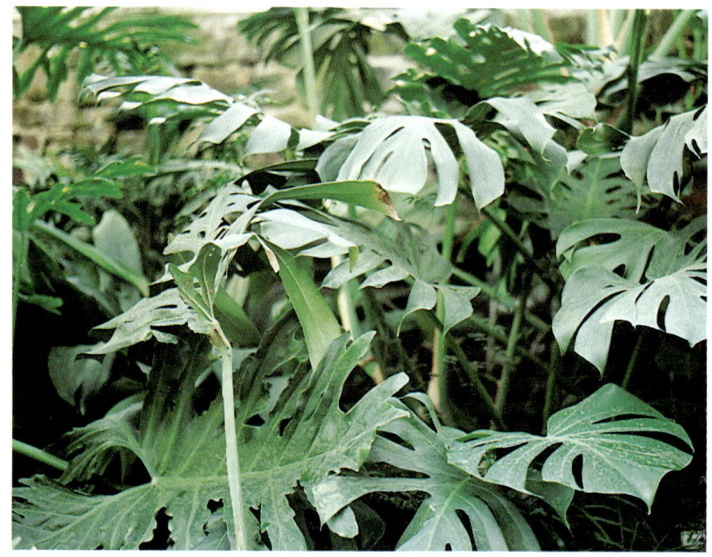

벤자민 고무나무(Ficus benjamina)

고무나무의 일종으로 남성적인 인도 고무나무와는 대조적으로 우아하고 여성적인 분위기의 식물이다. 나뭇결이 자작나무처럼 희끄무레하며, 완만하게 처지고 잘게 갈라진 가지에 작은 녹색 잎이 무리지어 붙는다. 잎이 황록색인 것, 얼룩이 있는 것도 있어 인기가 높은 관엽 식물이다.

기르는 법

여름에는 집 밖에서 충분한 햇볕과 바깥 공기를 쐬고 물과 비료를 듬뿍 주어 나무 부분을 튼튼하게 한다. 가을에서 봄까지는 실내의 창가에서 기른다. 분갈이는 장마철이 적당하다. 공중 걸이도 가능하며 자유롭게 형태를 만들어 즐길 수 있다.

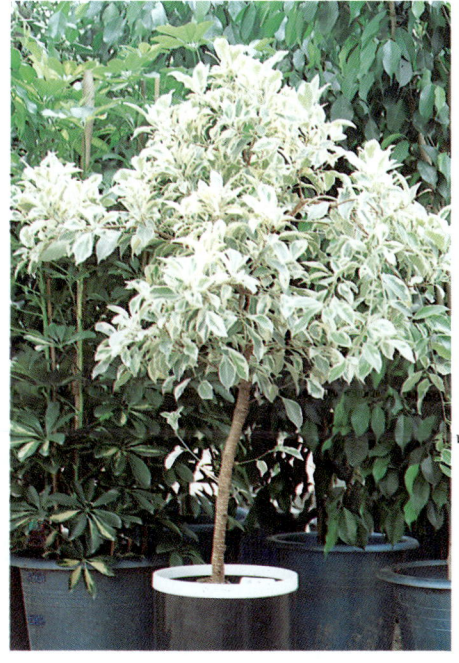

반엽 벤자민 고무나무
우아하고 여성적인 분위기를 내는 인기가 높은 관엽 식물이다.

산세베리아(Sanseriera)

　백합과에 속하며 다육질의 잎이 튼튼해서 오래 간다고 하여 천세란이라는 이름이 있다.

기르는 법
　기르기가 매우 쉬우며 빛이 들어오지 않는 실내에서도 오래 가지만, 생육 적온인 5 내지 9월경에는 되도록 집 밖에 두어 반응달에서 기른다. 비료는 치비(흙 위에 놓아 두는 비료)이면 2달마다, 액비이면 2주일마다 준다. 건조지의 식물이기 때문에 과습에 약하므로 물을 너무 주지 않도록 한다. 겨울에는 물주기를 줄이고 양지바른 창가에 놓아 10도 이상의 온도를 유지한다. 양, 한식에 모두 어울리며 파티 등 사람이 많이 모이는 장소에도 이용할 수 있다.

산세베리아 다육질의 튼튼한 잎을 가진 식물로 기르기가 쉽다. 양, 한식에 모두 어울린다.

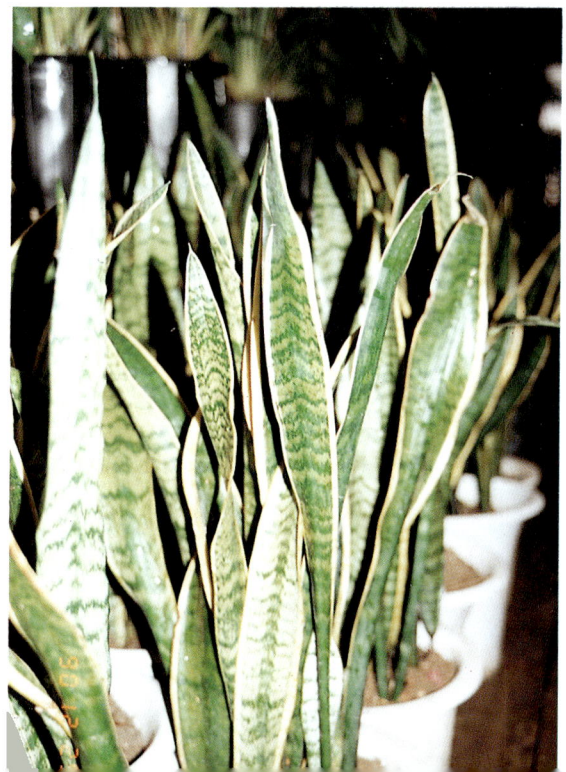

쉐프렐라(Sohefflera)

홍콩이 원산지여서 홍콩 카폭이라고도 하며 오갈피나무과에 속한다. 반들반들한 녹색과 곧게 뻗은 자태가 특징이며 강하게 기르기 쉬운 식물이다. 두툼한 잎이 우산을 편 듯한 모양을 하고 있어 '엄블렐러 트리(umbrella tree)'라고도 한다.

기르는 법

그늘에서도 잘 자라지만 원래는 양달을 좋아하는 식물이므로 되도록 햇볕이 쬐는 곳에 둔다. 여름에는 집 밖에 내어 햇빛을 잘 쬐어 주고 2달에 한 번 치비한다. 10월에 실내에 두고 물을 적게 준다. 현관이나 거실에 묵직하게 장식하면 특색을 살릴 수 있다. 작은 묘목은 테라리움 등에 이용할 수 있다.

쉐프렐라 반들반들한 녹색의 잎이 특징이며 현관이나 거실에 장식하면 좋다.

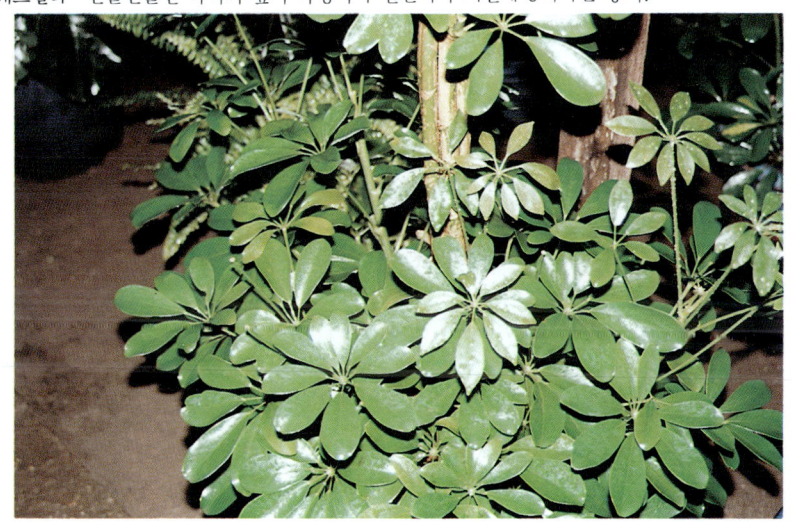

스파티필름(Spathiphyllum)

꽃과 잎을 즐길 수 있는 관엽 식물로서 인기가 있다. 개화기는 봄부터 여름에 걸치며, 겨자꽃과 닮은 순백의 향기로운 꽃이 짙은 녹색의 광택있는 잎을 배경으로 잇따라 핀다.

기르는 법

고온 다습을 좋아하기 때문에 겨울에는 실내에 두고 10도 이상의 온도와 충분한 습도를 유지해 주어야 한다. 5 내지 9월의 개화기 때말고는 집 밖에 내어 반응달에서 물과 비료를 충분히 주어 관리한다. 꽃이 다 피고 난 뒤에는 일찍 시든 꽃을 잘라 준다. 꽃을 많이 피우려면 여름 동안에 큰 화분에 바꿔 심어 주도록 한다. 실내에서는 거실 등 밝은 방에 장식하는 것이 좋으며, 가능하면 레이스 커튼을 통해 빛이 들어오는 장소가 적합하다.

싱고늄(Synogonium)

중앙 아메리카가 원산으로 천남성과에 속한다. 길고 똑바른 줄기에 화살 모양의 녹색 잎을 가진다. 줄기에서 흰 즙액이 나온다.

기르는 법

여름에는 밝은 그늘에 두어 물을 충분히 주고, 겨울에는 최저 16도를 유지하면서 물주기를 줄인다. 물이끼에도 심으며 건조에 강하나 흙을 완전히 말리지 않아야 한다. 5 내지 9월에는 2주일 간격으로 비료를 주고 여름에는 삽목으로 번식시킨다. 헤고에 부착시키거나 공중 걸이로 많이 이용하며 수경 재배에도 좋다.

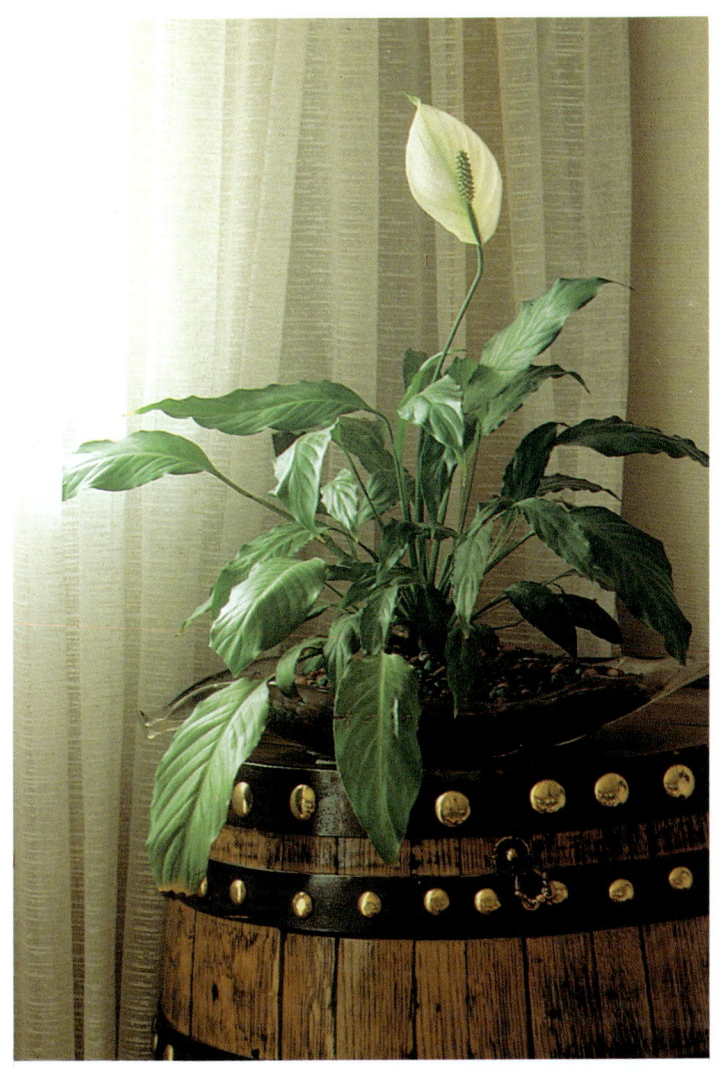

스파티필름 순백의 향기로운 꽃과 녹색의 광택있는 잎을 즐기는 관엽 식물로 인기가
높다.

싱고늄 길고 똑바른 줄기에 화살 모양의 녹색 잎을 가진 식물로 헤고에 붙이거나 공중 걸이, 수경 재배하면 좋다.

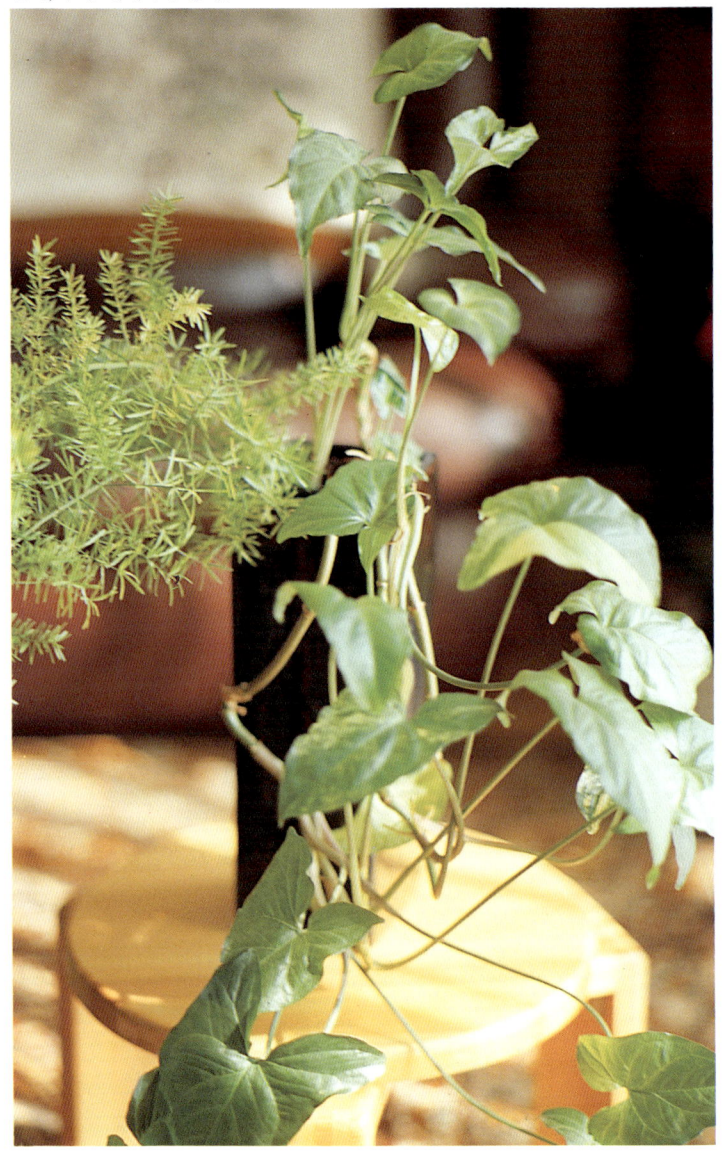

시셧스(Cissus)

열대 지방이 원산인 덩굴성 관엽 식물이다.

기르는 법은 여름에는 물을 충분히 주어 흙이 항상 축축하게 해주고 겨울에는 실온 7 내지 13도를 유지하면서 물주기를 줄인다. 삽목으로 번식하며 2주일에 한 번씩 질소질 비료를 엽면 살포한다. 복고풍적인 잎이 늘어져 운치있는 분위기를 연출하므로 공중 걸이를 하거나 선반 위에 올려 놓고 관상한다.

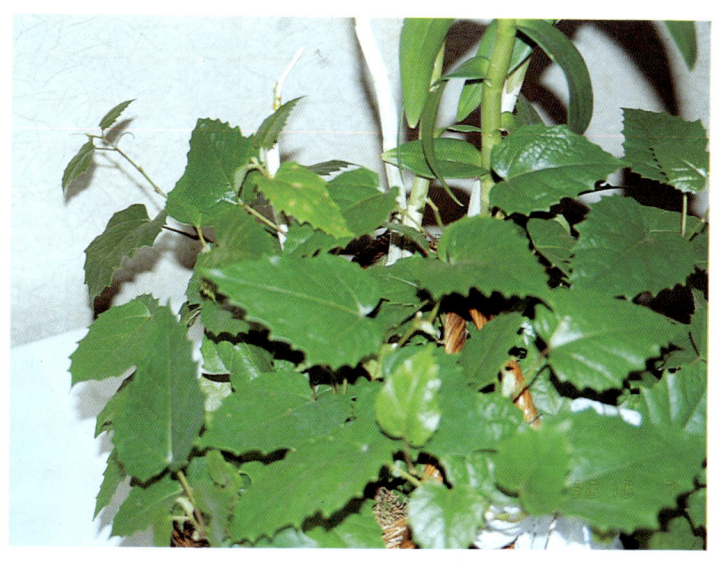

시셧스 덩굴성 관엽 식물로 삽목으로 번식한다. 복고풍적인 잎이 늘어져 운치있는 분위기를 연출하므로 공중 걸이로 좋다.

신답서스(Scindapsus)

가장 널리 보급된 관엽 식물로서 천남성과에 속하며 우리와 친밀하다. 원산지의 하나인 실론에서는 '포터'라고 부르고 있어 '포토스'라고도 하지만 정식 이름은 신답서스이다. 덩굴성 줄기에 황금색 얼룩 무늬가 있는 하트형 잎이 달린다. 요즘에는 흰 얼룩 무늬가 있는 변종도 있다.

기르는 법

그늘에서도 기를 수 있으나 여름말고는 햇볕을 충분히 쬐고 여름에도 레이스를 통한 약한 빛을 쬐면 잎이 도장하거나 얼룩의 색이 나빠지는 것을 막을 수 있다. 겨울에는 물을 적게 주고 온도도 최저 5도만 유지해 주면 월동할 수 있다. 헤고에 올리거나 매다는 화분 등 여러 가지로 즐길 수 있으며 벽을 이용한 장식에도 어울린다.

아그레오네마(Aglaonema)

열대 아시아가 원산인 천남성과의 식물로 50여 종이 있다. 관상용으로는 말레이지아 원산종이 많다. 특히 음지에서 잘 자라고 고온 다습을 좋아한다. 추위에 약하므로 겨울에는 실내 온도에 유의해야 한다.

기르는 법

실내 식물로 습기를 좋아하고 그늘에서 잘 자란다. 빛이 강하면 식물이 힘이 없어 보이면서 축축 늘어지고 잎이 허옇게 변한다. 디펜바키아처럼 삽목이 가능하며 성장 속도가 아주 느리다. 3주에 한 번씩 비료를 주는데 추울 때와 더울 때는 삼가는 것이 좋다. 습도에 강하므로 실내 지피 식물로 많이 애용되고 하이드로 볼이나 구슬을 이용하여 유리 그릇에 심는 수경 재배용으로 가장 적합하다.

아나나스(Ananas)

파인애플과의 한 종류로 이국적인 모습과 열대적인 꽃을 즐길 수 있는 관엽 식물이다. 종류가 많으며 그에 따라 기르는 법이 약간씩 다르지만 건조와 응달에 강해서 비교적 기르기 쉬운 식물이다.

기르는 법

꽃이 달린 화분은 반응달의 밝은 곳에 둔다. 봄부터 가을까지는 되도록이면 집 밖에 내어 놓고 강한 햇살이 쬐지 않는 시원한 곳에서 관리한다. 봄과 가을에는 화분 흙의 표면이 마르면 물을 주는 정도로 하고 여름에는 잎으로 에워싸인 곳의 한가운데에다 물을 주고 한 달에 한 번 액비를 준다. 겨울에는 물주기를 줄이며 따뜻한 방의 창가에 놓아 햇볕을 충분히 쬐게 한다. 여름에 본식물 옆에서 자란 작은 것을 잘라서 물이끼에 꽂아 두면 쉽게 번식한다.

아디안텀(Adiantum)

그리스어의 아디안투스(섳시 않는다는 뜻)에서 온 이름으로 물을 빨아들이지 않고 잎에 물방울을 머금고 있다는 성질에서 유래되었다. 싱싱한 작은 잎이 촘촘하게 붙어서 산뜻하고 고상한 분위기를 낸다. 양치 식물의 일종으로 고사리과에 속한다.

신답서스 가장 널리 보급된 관엽 식물로 덩굴성 줄기를 가졌으므로 헤고에 올리거나 매다는 화분에 장식하면 좋다.

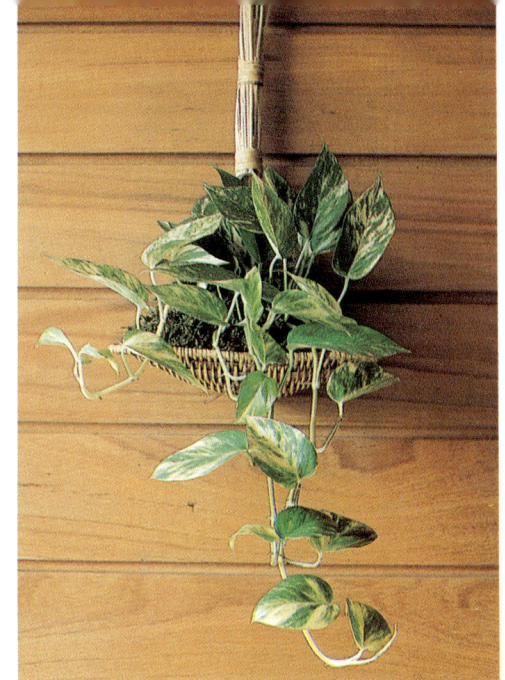

아나나스 파인애플과의 한 종류로 이국적인 모습과 열대적인 꽃을 즐길 수 있는 기르기 쉬운 식물이다.

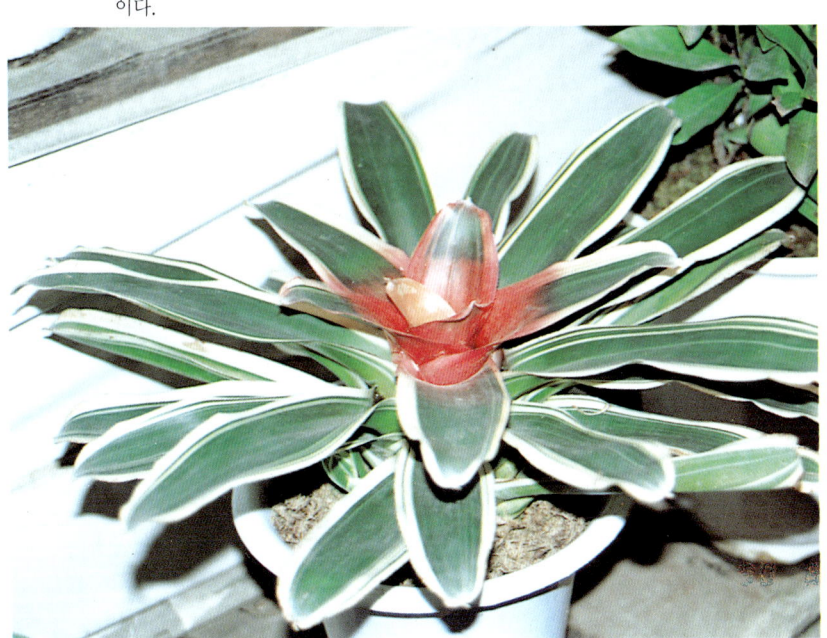

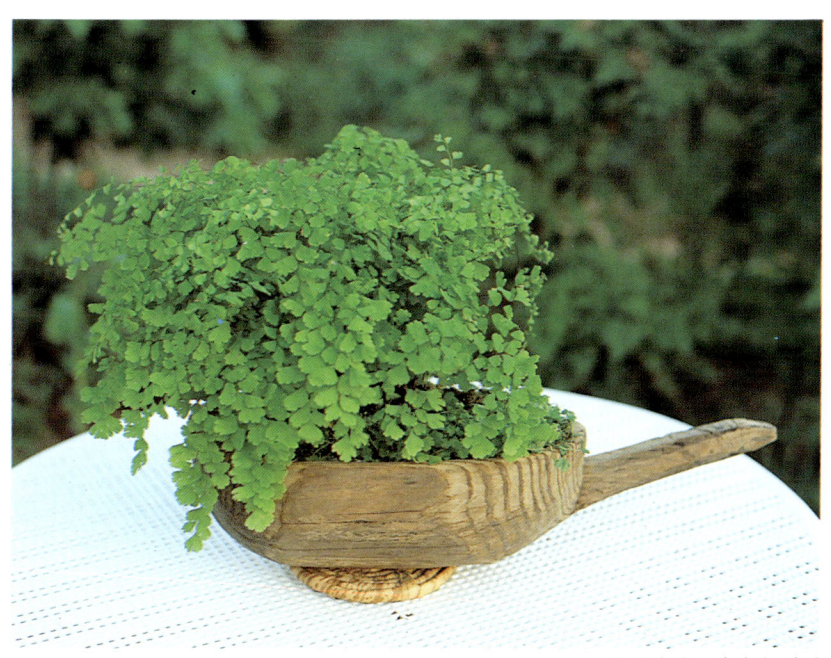

아디안텀 싱싱한 잎이 촘촘하게 붙어서 산뜻하고 고상한 분위기를 내는 고사리과 식물이다.

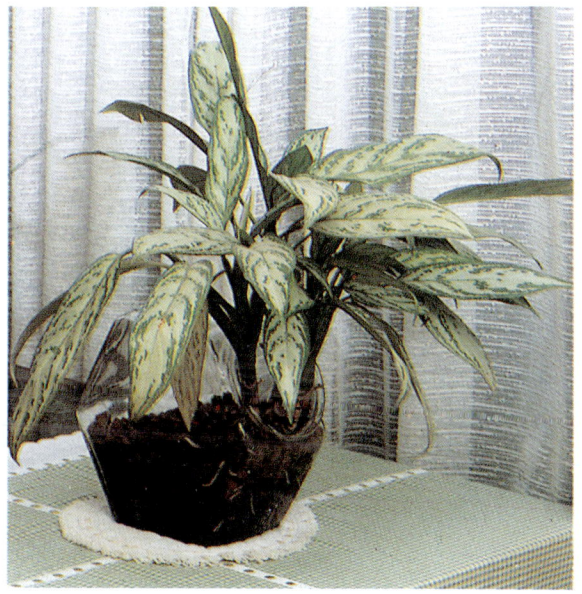

아그레오네마 축축 늘어지는 잎을 가진 식물로 성장 속도가 느리고 추위에 약하므로 겨울철 실내 온도에 유의해야 한다.

기르는 법

직사광선이 쬐지 않는 밝은 창가에 두는 것과 항상 물기가 있게 하고 충분한 공중 습도를 유지하는 것이 중요하다. 실내에서는 조약돌을 넣은 수반 위에 화분째로 놓고, 공기가 건조한 겨울에는 이따금 엽수를 준다. 욕실이나 수족관 등 수분이 많은 장소에서 기른다.

아라우카리아(Araucaria)

남양삼나무라고도 부르며 지난날 공룡과 함께 절멸한 것이 남반구 일부에 남아 있다고 하는 희귀한 식물이다. 가지와 잎이 굵고 튼튼한 것이 특징이며 가지는 팔방으로 퍼져서 수평으로 1미터가량 자라면 알맞게 다듬어진 모습을 보인다.

기르는 법

큰 관엽 식물로서 실내에서 기르는 일이 많으나 원래가 양지를 좋아하므로 봄에서 가을까지는 되도록 집 밖의 양지바르고 통풍이 잘 되는 곳에 두고 물과 비료를 적게 주어 기른다. 10월부터는 실내의 햇빛이 잘 드는 곳에 놓고 물주기를 적게 한다. 겨울에는 밝은 거실 등에 장식하고 크리스마스 트리로 이용해도 좋다.

아스파라거스(Asparagus)

그리스어의 아스파라소스(찌르다)가 어원이며 잎의 변형인 가시 때문에 그런 이름이 붙었다. 그 가운데에서도 섬세한 느낌이 드는 것은 꽃다발에 곁들이는 잎으로 많이 쓰인다.

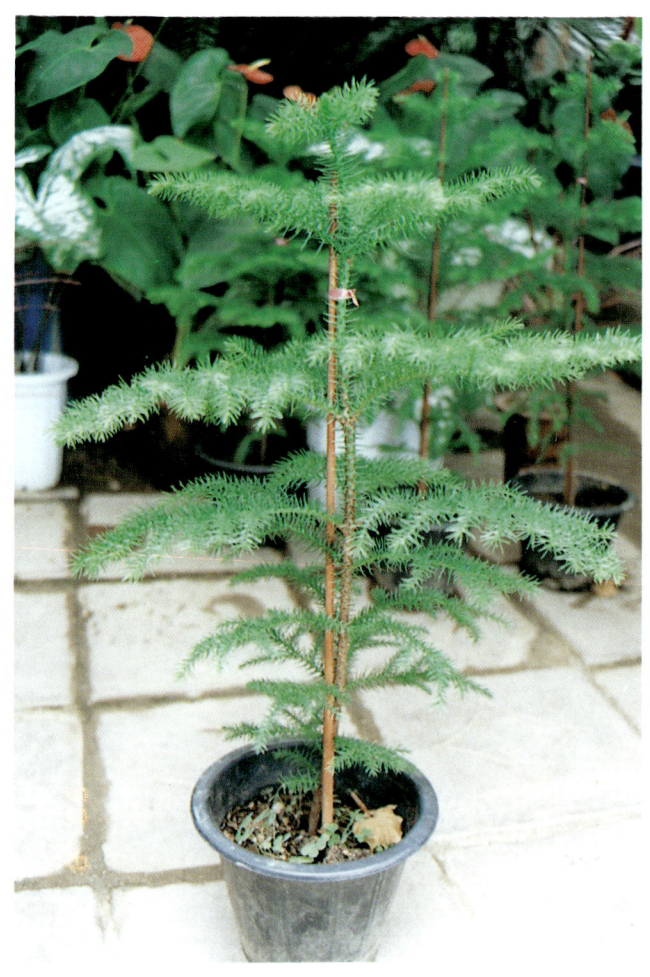

아라우카리아 가지와 잎이 굵고 튼튼한 것이 특징이며 가지는 팔방으로 퍼져 수평으로 1미터 정도 자라면 보기에 아주 좋다.

기르는 법

추위와 건조에 강해서 기르기 쉬우나 여름에는 강한 햇볕을 쬐면 잎이 암록색이 되므로 차양 밑에 두고, 다른 계절에는 햇볕을 충분히 쬔다. 1년 내내 새잎을 내는데 항상 신선한 잎색을 즐기려면 한 달에 한 번은 비료를 준다. 흰 커튼이 있는 창가나 밝은 색의 벽 앞에 놓고 모습이나 형태를 즐긴다.

아스플레니움(대곡도, Asplenium)

관엽 양치 식물이며 잎보기 고사리과 식물이다. 배수가 좋은 흙에 심어서 강한 햇살이 쬐지 않는 곳에 두고 이따금씩 잎 위로부터 씻듯이 물을 주는 것이 재배법의 비결이다. 겨울에는 실내에 두고 물을 적게 주고 실내 온도를 충분히 유지하도록 한다. 생육기인 5 내지 10월에는 한 달에 한 번 액비를 준다. 광택있는 잎이 차분한 느낌과 시원스러움을 느끼게 하며 큰 식물의 지피 식물로 심는다.

아이비(Hedera helix)

헤데라나 양담장이 상춘등이라고도 불리며 사랑받고 있는 튼튼한 덩굴성 식물이다. 잎 모양이나 반점 모양의 차이로 많은 품종이 있어 취향에 맞게 택할 수 있다.

기르는 법

1년 내내 약한 빛의 실내에서도 기를 수 있으나, 이따금씩 집 밖에 내놓아 강한 햇볕이 쬐지 않는 곳에 놓고 잎을 씻듯이 물을

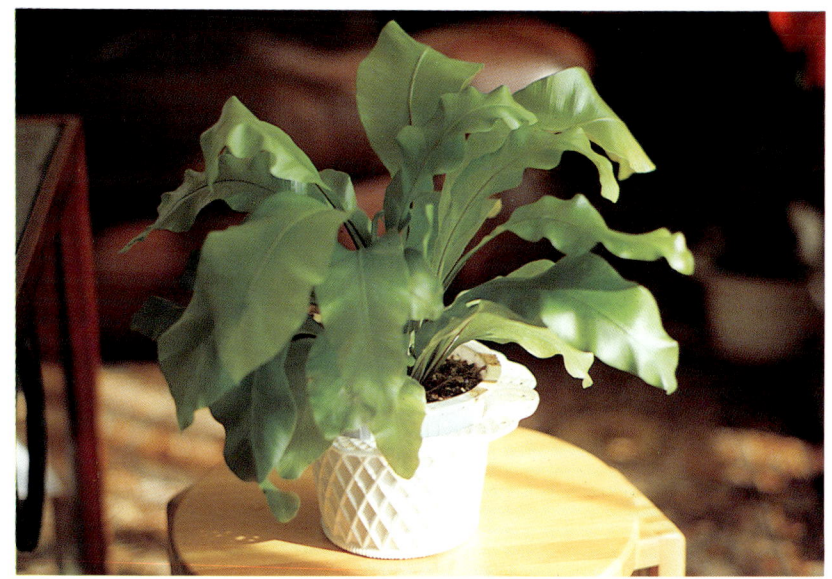

아스플레니움 광택있는 잎이 차분한 느낌을 주며 시원스러움을 느끼게 하는 잎보기 고사리과 식물이다.

준다. 1년 내내 자라므로 한 달에 한 번은 액비를 주는 것이 좋다. 가는 줄기에서 뿌리를 내리는 성질을 이용하여 나무나 돌에 착생시켜 올리기도 하고 매다는 화분으로 하기도 한다. 남쪽 지방에서는 담쟁이로도 한다.

아이비 제라늄(Pelargonium)

꽃 빛깔이 다양한 온실용 숙근성 다년초로 우리나라에서는 양아욱 또는 아욱꽃이라고도 한다. 늘어지는 성질이 있어 높은 곳에 올려 놓고 감상한다.

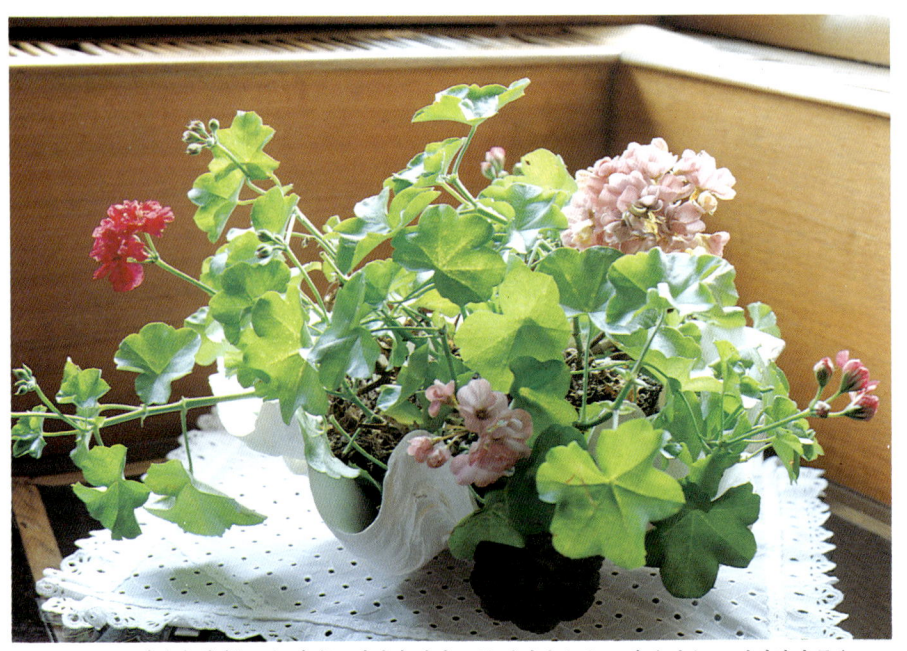

아이비 제라늄 늘어지는 성질이 있어 공중 걸이나 높은 곳에 올려 놓고 감상하기 좋은 식물이다.

추위에 약하므로 겨울에는 실내에 들여놓는다.

기르는 법

4, 5월과 9, 10월에 눈꽂이로 번식시킨다. 삽수는 되도록 단단한 것을 골라 잎꼭지 바로 밑에서 잘라 이틀 정도 말린 다음 깨끗한 모래에 꽂아 둔다. 습기에 상당히 약하다. 비료는 꽃이 피는 시기에는 2주일에 한 번씩 준다. 빛이 부족하고 습하면 면충이 끼기 쉽다. 햇볕이 잘 드는 곳에서 키우도록 한다. 여름의 창문가를 장식하는 데 적합하며 공중 걸이를 해도 아름답다.

안스륨(Anthurium)

남아메리카 콜롬비아 원산이지만 하와이에서 많이 재배되고 있어
하와이 꽃으로 알려진 관엽 식물이다.

기르는 법

따뜻하고 습기 있는 조건에서 잘 자란다. 습도를 높여 주는 것이
좋으며 반그늘진 곳에서 기른다. 한 달에 한 번 복합 비료를 주되
생육이 왕성할 때에는 2주일에 한 번씩 준다.

실온을 18도 이상으로 유지시키면 겨울에도 꽃을 볼 수 있다.
꽃처럼 보이는 빨간 부분은 포엽이고, 막대처럼 튀어나온 것이 꽃이
다. 반그늘에서 온도와 습도를 높여 주고 영양만 좋으면 1년 내내
꽃을 볼 수 있으며 꽃을 오랫동안 싱싱한 상태로 관상할 수 있다.
테라리움 속에서도 잘 자란다.

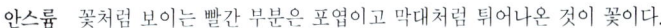

안스륨 꽃처럼 보이는 빨간 부분은 포엽이고 막대처럼 튀어나온 것이 꽃이다.

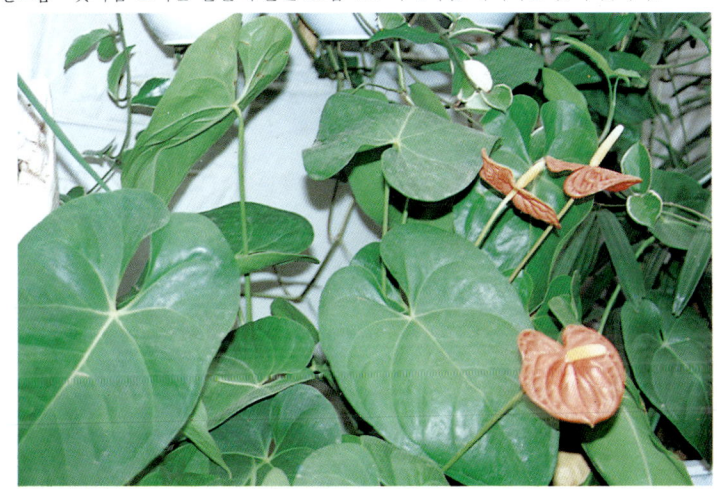

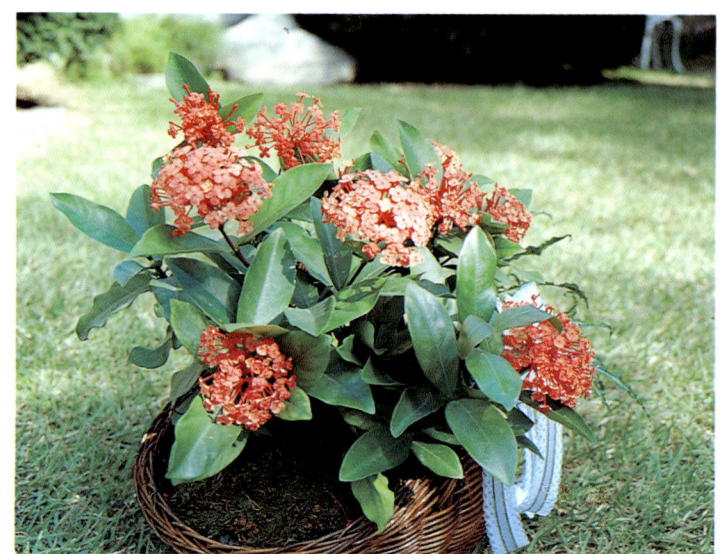

익소라 빨강색, 오렌지색, 분홍색의 꽃이 뭉쳐서 피는 실내의 포인트 식물이다.

익소라(skimmia)

화분에서 90센티미터 정도까지 키가 자라며 가지 끝에 5월부터 9월까지 빨강색, 오렌지색, 분홍색의 꽃이 뭉쳐서 핀다.

기르는 법

햇빛을 좋아하지만 여름의 직사광선에는 차광을 해준다. 화분을 자주 옮기지 말고 한 곳에 두는 것이 좋다. 여름에는 물을 충분히 주고 가을부터는 물주기를 줄여서 겨울에는 토양을 건조하게 유지한다. 겨울에는 13도 정도에서 월동시킨다. 비료는 3월부터 9월까지는 2주 간격으로 주고 봄에 삽목시킨다. 잎과 꽃의 색이 강렬해서 실내의 포인트 식물로 각광을 받고 있다.

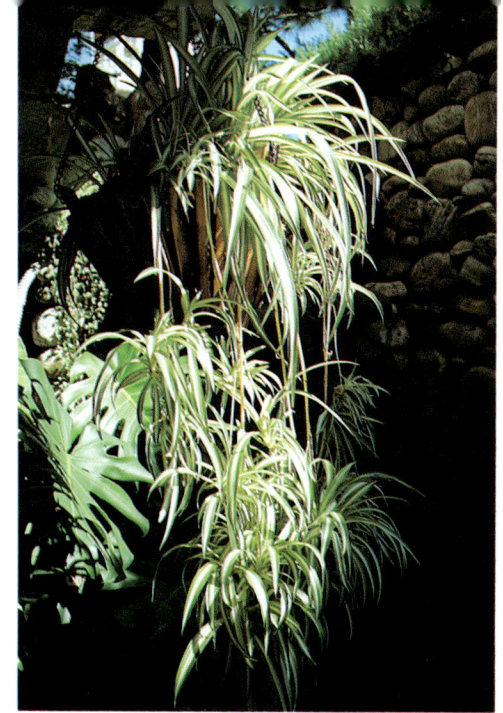

접란 좁고 긴 잎에 흰 줄무늬가 들어 있는 것도 있어 관상 가치가 높고 매다는 화분이나 선반에 놓는 것도 좋다.

접란(Chlorophytum)

예부터 사랑받고 있는 관엽 식물로 백합과에 속한다. 가늘게 늘어지는 덩굴 모양의 줄기(러너) 끝에 새끼가 많이 달린다. 좁고 긴 잎에 흰 줄무늬가 들어 있는 것도 있어 관상 가치가 높다.

기르는 법

밝은 실내에서라면 1년 내내 기를 수 있으나 봄부터 가을까지는 되도록 집 밖에 내어 나무 그늘에 놓고 엽수를 충분히 주고 한 달에 한 번 액비를 준다. 매다는 화분으로 가장 적당하지만 선반에 놓는 것도 좋다. 또한 바구니 등의 화분 커버를 쓰면 한식 방에서도 잘 어울린다. 새끼는 유리 정원이나 테라리움에도 식재한다.

칼라데아, 마란타(Calathea, Maranta)

선명한 깃털 화살 무늬와 독특한 금속 광택이 나는 잎에 열대성의 특징이 나타나 있는 관엽 식물이다. 칸나과에 속하는 칼라데아와 마란타는 잎 모양이나 자라는 모습뿐만 아니라 성질도 거의 같은데 관리법도 같다.

기르는 법

고온 다습과 반양달을 좋아하기 때문에 여름에는 손질이 쉬우므로 약한 햇볕이 쬐는 창가에 두고 물과 비료도 듬뿍 준다. 추위에 약하므로 겨울에는 물주기를 줄이고 월동 온도가 10도 이상 되게 유지시켜 준다. 땅에서 직접 잎자루가 뻗어서 무성해지므로 키가 잎의 길이 이상으로 자라는 일이 없다. 따라서 화분과의 균형을 잡기 쉬워 장식하기 좋은 식물이다. 또한 한식이나 양식 어느 쪽의 분위기와도 잘 조화된다.

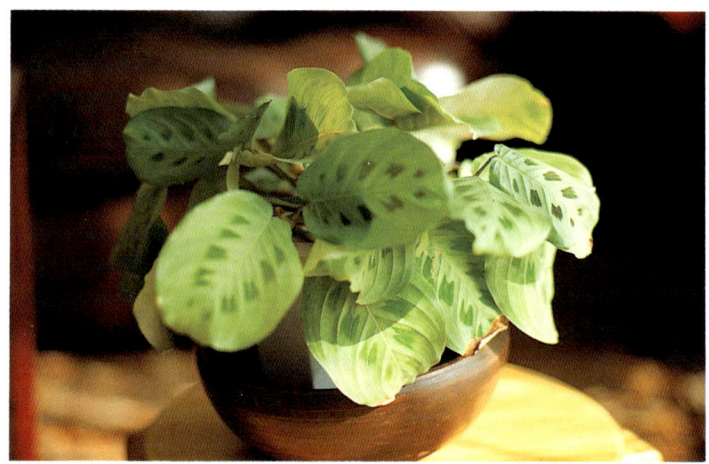

마란타 선명한 깃털 화살 무늬와 독특한 금속 광택이 나는 열대성 관엽 식물이다.

크로톤(Croton)

변엽목이라고도 불리듯이 잎 모양과 색채에 변화가 많은 열대산 식물이다. 원래는 직사광선 밑에서 자라는 나무로서 빛을 쬐면 잘 자란다.

기르는 법
고온 다습한 여름 기후가 잘 맞아서인지 화분에 심은 것도 여름에는 상태가 매우 좋아서 한 달에 한 번씩 액비를 주는 정도의 손보기로 보충한다. 추위에는 매우 약하므로 9월 말부터는 실내의 햇볕이 잘 드는 창가에 두고 15도 이상의 온도를 유지해 준다. 색채가 화려해서 사람의 눈을 잘 끌기 때문에 현관과 거실, 응접실 등에 장식하는데 오랫동안 놓아 두지 말고 1주일쯤 지나면 다시 양지로 옮겨 준다.

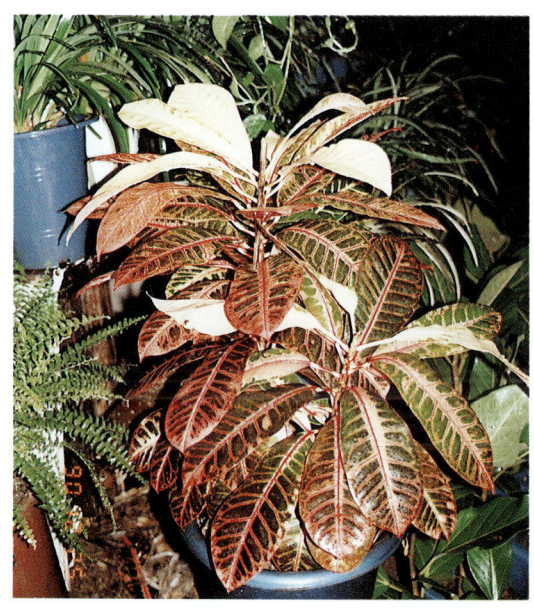

크로톤 직사광선에서 자라는 나무로 잎 모양과 색채에 변화가 많은 열대산 식물이다.

파키라(Pachira)

긴 잎자루를 가진 손바닥 모양의 잎이 줄기 끝에 모여서 붙는다. 잎 모양의 독특함과 잎이 없는 줄기의 대조가 볼 만하다. 실생(씨를 심어 번식시켜 기르는 식물)하여 기르면 줄기의 아랫부분이 불룩해지며 일부러 줄기를 휘게 하여 곡선의 미를 연출할 수도 있다.

기르는 법

응달이나 건조에도 강하므로 1년 내내 실내에서 기를 수 있으나 여름 동안은 집 밖의 반응달에 내놓고 엽수를 많이 주어 싱싱하게 만든다. 저온에 두면 잎이 늘어지지만 물주기를 줄이고 실내에서 보호하면 월동하기 쉽다. 봄에 싹이 나면 비료를 준다. 번식은 실생, 삽목이 잘 된다.

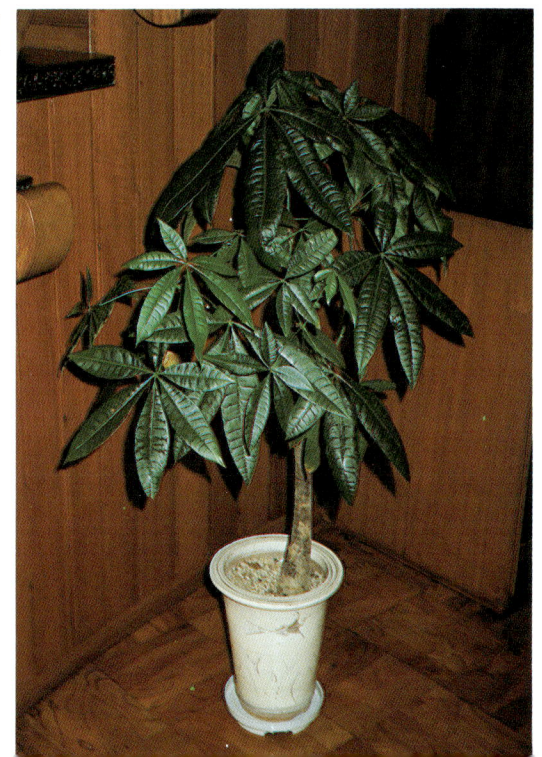

파키라 손바닥 모양의 잎과 잎이 없는 줄기가 서로 대조를 이룬다.

푸밀라 고무나무(Ficus Pumila)

고무나무의 일종으로 덩굴성 줄기에 짙은 녹색의 작은 잎이 촘촘히 달리는 것이 특징이다. 줄기에서 뿌리를 내어 물체에 흡착하기 때문에 헤고나 고목나무, 또는 철망에 물이끼(수태)를 채운 조형물에 올려서 키우기도 한다.

기르는 법

반응달을 좋아하는 식물이므로 1년 내내 실내에서도 기를 수 있으나 여름에는 집 밖의 반응달에 내놓고 관리한다. 물주기는 밑뿌리뿐 아니라 덩굴이 뻗은 헤고 등에도 충분히 관수되도록 위에서도 주어야 한다. 작은 관엽 식물로서 모듬 심기와 테라리움 속에 사용하거나 매다는 데에도 적합하다.

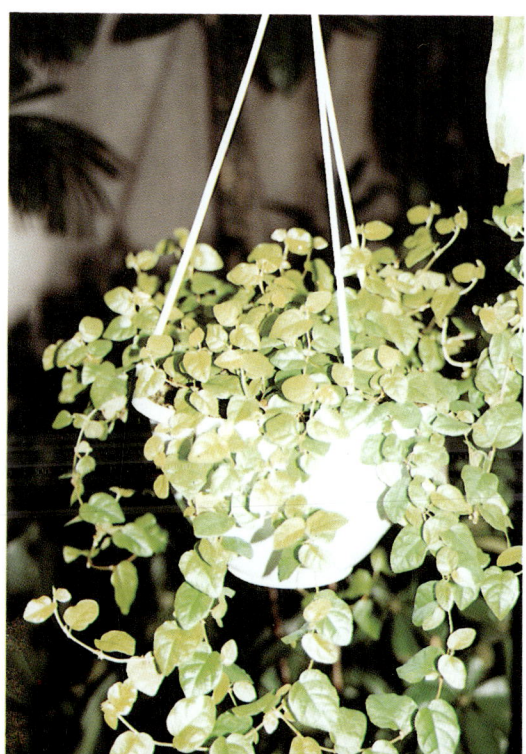

푸밀라 고무나무 덩굴성 줄기에 짙은 녹색의 작은 잎이 촘촘히 달려 관상하기에 좋다.

포인세티아(Poinsttia)

멕시코 원산으로 12월에 꽃이 피어 크리스마스용 분화초로 많이 쓰이지만 근래에 와서는 계절에 관계없이 시중에 나와 있다. 꽃같이 보이는 것은 포엽이며 홑꽃과 겹꽃이 있다. 포엽이 빨간 것뿐 아니라 흰색, 크림색, 분홍색, 주황색 등 다양하다. 잎이나 줄기를 자르면 흰 액이 나오는데 이것은 해로우므로 주의해야 한다.

기르는 법

직사광선을 피하고 겨울에는 최저 온도 13도를 유지시켜야 하며 배양토는 모래가 많이 섞인 것이 좋다.

삽목으로 쉽게 번식된다. 가을에 5, 6주 정도 15시간 이상 어둡게 해주면 포엽이 빨갛게 물든다. 큰 나무 밑에 군식으로 장식한다.

포인세티아 크리스마스 분화초로 많이 쓰이며 꽃같이 보이는 빨간 것은 포엽이다.

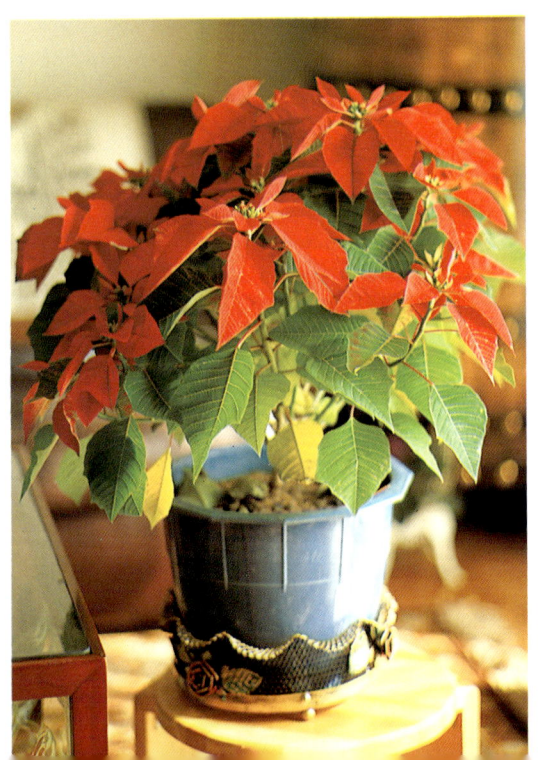

피닉스(Phoenix)

　청량감을 주는 식물로서 예부터 인기가 있는 관엽 야자수다. 잎이 깃털 모양이어서 불사조라는 뜻의 이름이 붙었다. 실생 1년 미만의 작은 묘목에서부터 줄기가 굵고 키가 2미터 되는 큰 모양의 것까지 있어 실내 식물로서 완전히 자리를 잡았다.

기르는 법
　1년 내내 실내에서 길러도 되나 여름 한낮에는 집 밖의 강한 햇볕이 쬐지 않는 곳에서 비료와 물을 듬뿍 주어 기른다. 겨울철에는 유리를 통한 햇볕이 드는 장소에 두고 물주기를 줄인다. 베란다에 큰 것, 중간 것, 작은 것으로 군집시켜 놓으면 열대의 이국적인 분위기를 즐길 수 있다.

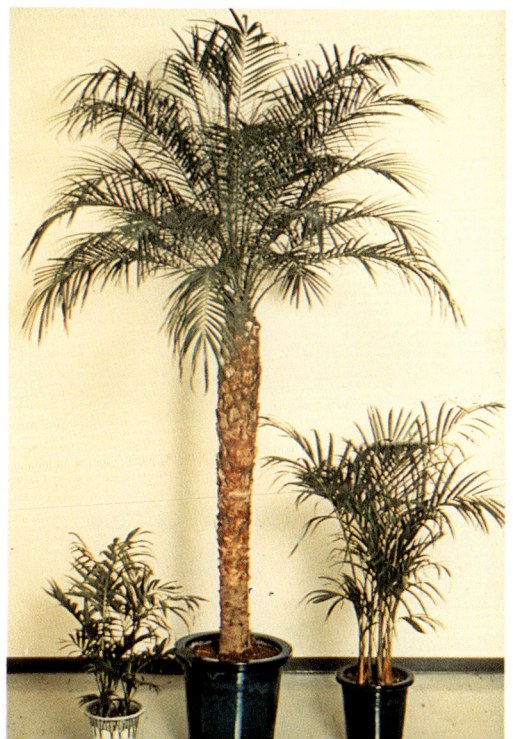

피닉스　실내 식물로서 인기가 있는 관엽 야자수로 열대의 이국적인 분위기를 즐길 수 있다.

휘토니아(Fittonia)

　붉은 또는 흰 그물 무늬가 든 잎이 밀생하여 땅을 기듯이 퍼지는 열대산 식물로 쥐꼬리망초과에 속한다. 고온성 식물이지만 테라리움이나 실내 온실의 보급과 더불어 작은 품종을 중심으로 많이 기르게 되었다.

기르는 법

　1년 내내 직사광선이 쬐지 않는 밝은 방이나 부드러운 빛이 들어오는 창가에서 기른다. 여름 동안은 물을 많이 주고 겨울에는 적게 준다. 월동 온도 10도를 유지하기 위해 겨울철에는 실내 온실이나 테라리움 용기에 넣어 보호한다. 번식은 삽목으로 번식한다. 예쁜 도자기나 작은 바구니 등에 담아 탁자 위나 화장대 등에 장식한다.

휘토니아　땅을 기듯이 퍼지는 열대산 식물로 테라리움이나 도자기, 바구니 등에 담아 장식하면 좋다.

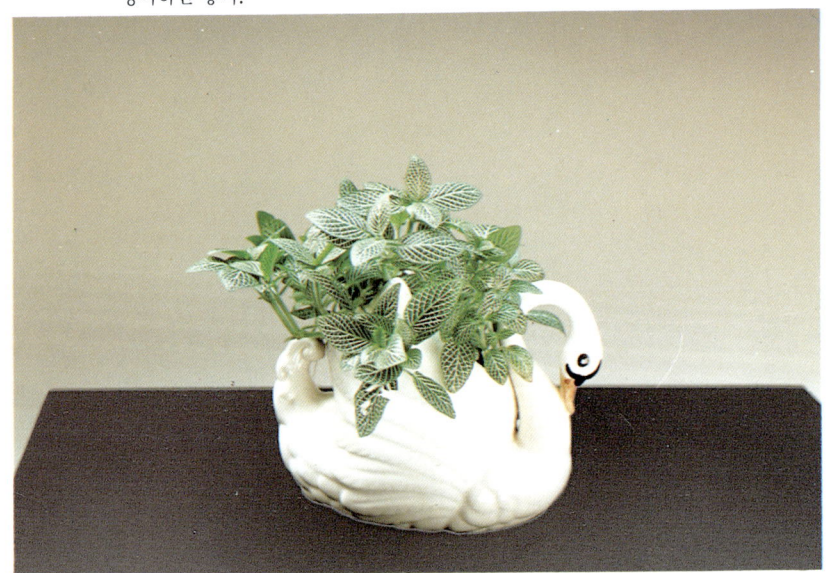

칼라듐(Caladium)

잎 모양은 토란잎과 같으며 빛깔과 무늬가 아름다운 여름철의 구근 식물이다. 5, 6치 화분에 심거나 여름 화단에 심어도 좋다. 천남성과에 속하는 남미가 원산지로서 오늘날처럼 잎이 아름다운 것은 모두가 개량된 것이다.

기르는 법

이른봄에 실내 온도 15도 정도의 장소에 구근을 심어서 싹이 트게 한다. 잎이 많이 나오는 때는 6월경이고 9월 말부터 물을 적게 주어 휴면시킨다. 그늘에 두면 잎이 연약해지므로 주의해야 한다. 직사광선 아래서는 줄기가 튼튼하게 자라고 잎도 많이 나온다. 색상은 흰색, 붉은색, 복합색이 있으며 이 여러 색상을 혼합하여 큰 용기에 군집하여도 색상이 고우므로 산뜻한 실내 분위기가 연출된다.

칼라듐 토란잎과 비슷한 잎 모양을 가졌으며 빛깔과 무늬가 아름다운 식물이다.

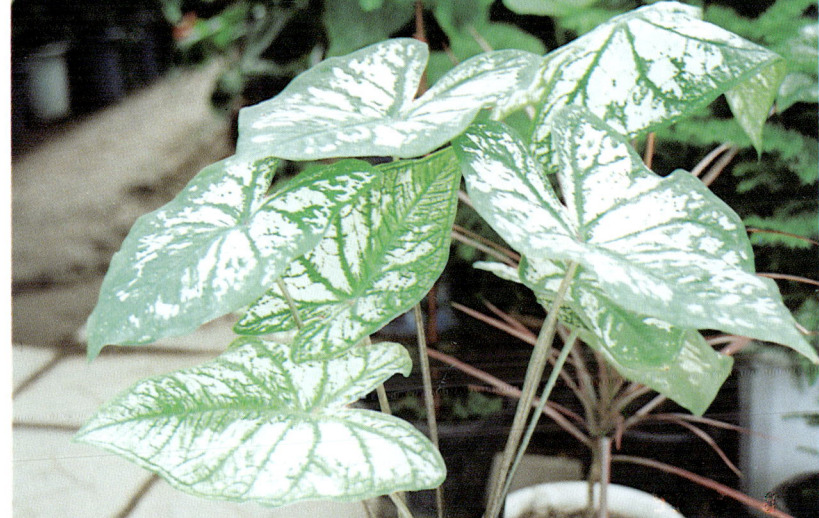

필로덴드론(Philodendron)

　응달에 강하고 건조에도 잘 견디는 천남성과에 속하는 실내 식물이다. 기하학적인 직선이 많은 양옥에서는 줄기와 잎이 갖는 아름다운 곡선이 대조를 이루어 차분한 분위기를 내므로 인기가 많다.

기르는 법
　겨울에는 창문을 통해 햇볕을 쬐어 주고 충분한 온도와 습도를 유지하게 한다. 5 내지 9월에는 되도록 집 밖에 내놓고 엽수를 많이 주어 기른다. 헤고에 올린 큰 화분은 현관이나 거실에, 매다는 것은 베란다에, 작은 화분의 작은 관엽 식물은 탁자에 장식하거나 모듬 심기와 테라리움에 사용한다. 삽목과 취목이 쉬우며 수경 재배 등에도 적합하다.

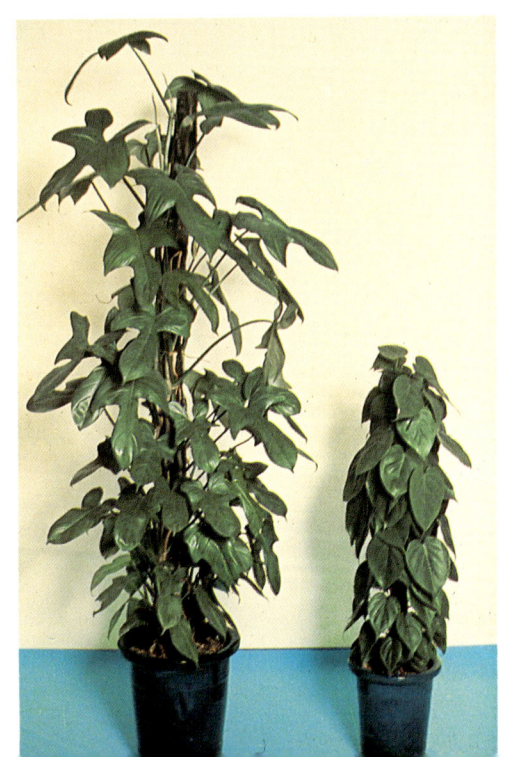

필로덴드론　줄기와 잎이 갖는 아름다운 곡선은 특히 직선이 많은 양옥서 좋은 대조를 이루어 차분한 분위기를 내는 식물이다.

콜롬네아(Coluninea)

 잎 모양은 거는 화분에 어울리고 꽃도 예쁘게 핀다. 꽃은 주로 봄에 피지만 꽃이 없을 때에도 충분히 즐길 수가 있다. 열대 아메리카 원산으로 담배풀꽃과에 속하며 원예 품종도 많다.

기르는 법

 봄부터 여름까지는 그늘에 달아 놓지만, 가을 이후에는 실내의 햇볕이 잘 드는 곳에 놓는다. 겨울에는 8도 이상을 유지해야 한다. 주로 물이끼로 4, 5치 화분에 심는데 생육장은 약간 건조한 것이 좋다.

 꽃이 피었을 때 관상 가치가 높다. 오렌지색의 꽃이 자주색 꽃받침에서 튀어나와 있는 모습이 매우 특이하다.

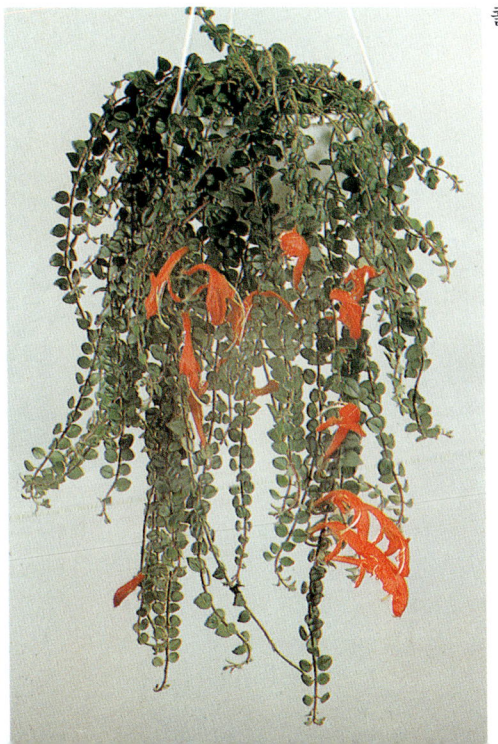

콜롬네아 늘어지는 성질의 잎이므로 거는 화분에 어울린다. 꽃이 예쁘며 꽃이 없을 때도 즐길 수 있는 관상 가치가 높은 식물이다.

아펠란드라(Aphelandra)

잎과 꽃이 아름답고 원예상으로는 쥐꼬리망초과에 속하는 관엽과 화목을 겸한 작은 식물이다. 주로 4, 5치 화분에 심어서 관상하지만 이 가운데에서 아주 인기가 있는 것은 노랑색 꽃인 스쿠아로사종 계통이며 이것은 유럽에서도 인기가 있다. 아펠란드라는 노랑색, 붉거나 핑크색 등이 있다.

기르는 법

겨울에는 양지에 놓고 15도 이상의 온도를 유지해야 하며, 5월경부터 가을까지는 밖의 양지에 둔다. 여름에는 습기를 많이 유지시키면 잎이 곱다. 푸른 큰 식물이 있는 앞에 여러 개를 군집하여 놓으면 전체적인 분위기를 조화있게 표현해 준다.

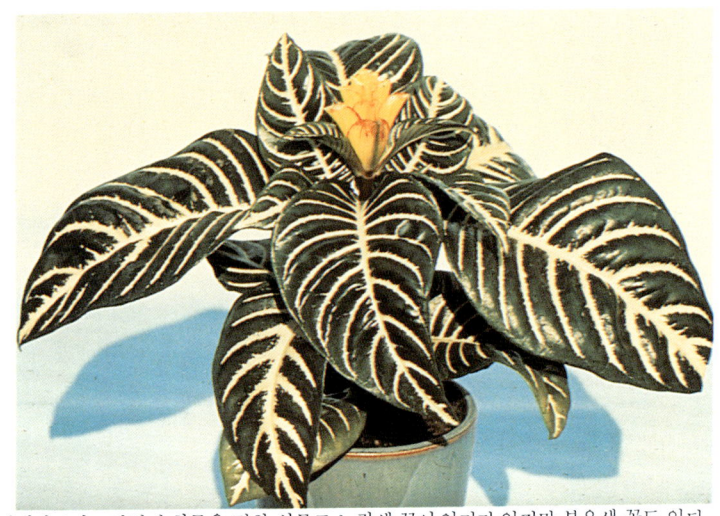

아펠란드라　관엽과 화목을 겸한 식물로 노랑색 꽃이 인기가 있지만 붉은색 꽃도 있다.

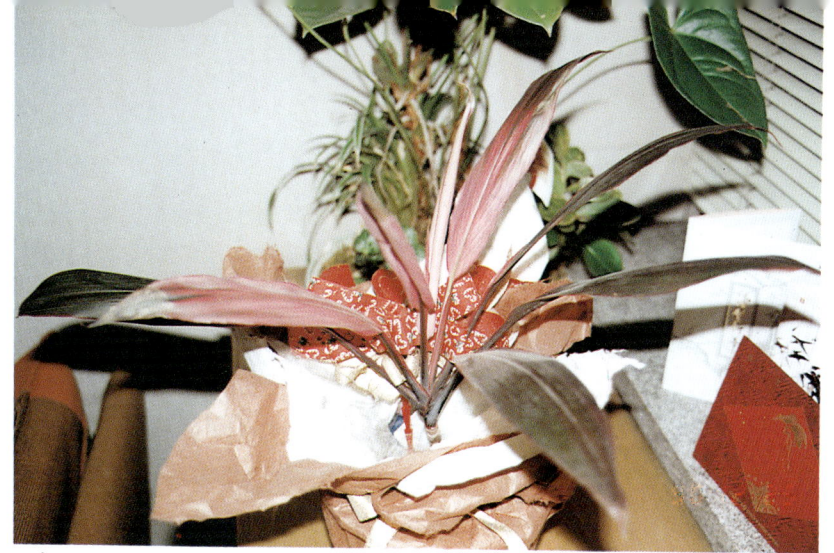

코르딜리네 드라세나와 비슷하나 잎이 가는 조릿대 모양이며 뿌리가 생강 모양인 점이 다르다.

코르딜리네(Cordyline)

관엽 식물은 잎이 녹색 계통인 것이 많지만 백합과에 속하는 이 코르딜리네는 녹색말고도 빨강색, 핑크색, 노랑색 등이 있어서 매우 곱다. 일반인에게는 드라세나와 혼동되고 있는데, 서로 다른 점은 잎이 가는 조릿대 모양이 되거나 뿌리가 생강 모양인 점이다. 4 내지 6치 화분으로 즐기며 아름다운 빛깔의 잎을 보기 위해서는 봄에서 초가을까지 그늘에서 관리한다.

기르는 법

겨울에는 12도 정도를 유지한다. 굵은 땅 속 줄기가 화분에 가득 차면 생육이 잘 안 되어 잎의 빛깔도 나빠진다. 옮겨 심는 것은 5, 6월경에 한다. 화분 하나만 놓고 보아도 색상이 너무 곱고 여러 가지 색상이라 신비하며 싫증이 나지 않는 식물이다. 실내에 놓으면 온화한 느낌을 준다.

씨크라멘(Cyclamen)

겨울꽃의 대표라 할 수 있는 이 꽃은 꽃색이 다양하고 잎이 풍성하여 실내 분위기를 한층 따뜻하게 한다.

구입할 때의 요령은 화분을 놓는 위치의 분위기에 맞추어 꽃색과 크기를 정할 것이며 구가 단단하고 잘 다듬어진 것, 병이 없고 잎의 수가 많으며 꽃대가 굵고 튼튼한 것으로 구입한다. 아름다운 꽃을 오래 즐길 수 있도록 물, 온도, 빛, 비료에 신경을 써야 한다.

겨울에 구입하는 씨크라멘은 낮온도 20 내지 30도, 밤온도 10 내지 15도의 조건에서 재배되었기 때문에 서서히 추위에 익숙하도록 관리해야 한다. 유리창 사이로 들어오는 찬바람에 직접 쏘이지 않도록 하며 꽃대가 계속 올라오게 하려면 빛이 들어오는 곳이면 좋지만 낮에 햇빛 때문에 온도가 올라가는 장소는 피해야 한다. 흙의 표면이 마르면 물을 주되 꽃눈이 있는 중심부에는 물이 닿지 않도록 한다. 화분 받침에 고인 물은 바로 버리도록 한다. 비료는 별도로 신경을 쓰지 않아도 되지만 나뭇재나 짚재를 큰숟갈 2개씩 화분가에 주면 3, 4월까지 계속적으로 좋은 꽃을 볼 수 있다.

크리스마스 선인장(Christmas Cactus)

게발선인장(부활절 선인장)과 다른 교배종의 잡종이며 자이고선인장(크리스마스 선인장)이라고도 한다. 겨울의 꽃식물로 중요한 역할을 한다.

기르는 법
대부분의 선인장은 여름에 충분한 물주기를 하지만 이 선인장은

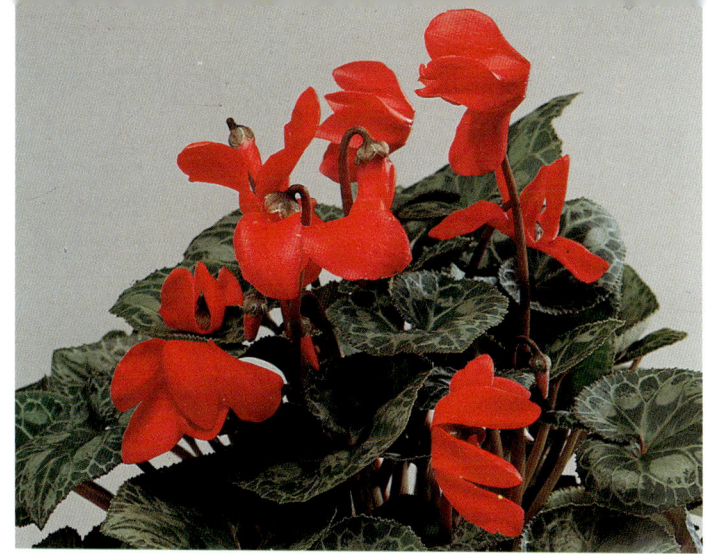

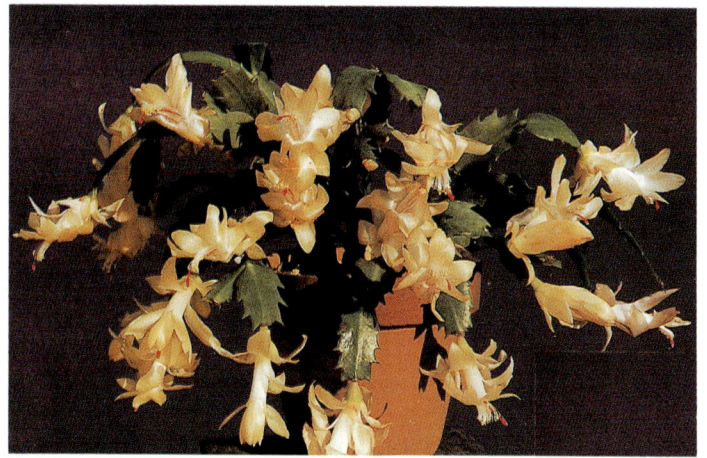

씨크라멘 꽃색이 다양하고 잎이 풍성하여 실내 분위기를 따뜻하게 한다.(위)
크리스마스 선인장 겨울의 꽃·식물로 중요하며 겨울에 충분히 물을 준다.(아래)

여름이 건기에 해당되므로 물을 적게 주고 꽃이 피는 겨울에 충분한
물주기를 한다. 선인장의 뿌리는 산성의 액을 분비하기 때문에 화분
에 심은 선인장은 1년에 1회 분갈이를 해야 한다. 비료분이 없어도
된다고 생각되지만 적당한 비료는 생육에 도움을 준다.

휴가중 관엽 식물 물주기

휴가중 식구가 모두 집을 비울 때 애써 길러온 식물이 말라 죽게 되는 경우가 있다. 휴가 기간이 정해지면 한두 달 전부터 식물이 건조한 환경에 적응하도록 5, 6번 정도 마르기 직전의 상태에 있게 하여 약간 건조한 상태에서 견딜 수 있는 힘을 길러 준다.

집을 비우는 동안 작은 온실을 만드는 방법도 있다. 곧 화분에 물을 충분히 주어 배수구로 물이 나오게 한 다음 지주를 세워 비닐로 식물 전체나 일부를 싸서 수분 증발을 막는다. 유리 섬유나 면을 실같이 꼬아서 심지로 사용하여 한 쪽 끝을 물에 잠기게 하여 물만 보충해 주면 된다. 유리 섬유 대신 헌 스타킹을 적당한 길이로 잘라서 쓰면 썩지 않아 좋다. 통풍은 창문이나 환기통을 열어 놓아 통풍이 잘 되도록 해주어야 식물이 녹거나 시들지 않는다.

식물 이름 색인

빛깔있는 책들 203-18

실내 원예

글	―방광자
사진	―방광자
발행인	―장세우
발행처	―주식회사 대원사
주간	―박찬중
편집	―김한주, 신현희, 조은정, 황인원
미술	―차장/김진락 윤용주, 이정은, 장은주, 조옥례
전산사식	―김정숙, 육양희, 이규헌

첫판 1쇄 ―1991년 1월 25일 발행
첫판 8쇄 ―2007년 2월 28일 발행

주식회사 대원사
우편번호/140-901
서울 용산구 후암동 358-17
전화번호/(02) 757-6717~9
팩시밀리/(02) 775-8043
등록번호/제 3-191호
http://www.daewonsa.co.kr

ⓦ 값 13,000원

Daewonsa Publishing Co., Ltd.
Printed in Korea(1991)

ISBN 89-369-0084-6 00520

빛깔있는 책들